블링블링
스텐이야기

매일 요리하는 사람들을 위한
스텐팬 사용법

블링블링
스텐이야기

발 행 일   2013년 7월 15일 초판 1쇄 발행
지 은 이   전지현
발 행 인   방득일
편　　집   신윤철
마 케 팅   김지훈

디 자 인   디자인감(02-2277-8018)
일러스트   박상규
사　　진   쿡에버, 더디쉬커뮤니케이션
인　　쇄   동양인쇄

발 행 처   빠른거북이
주　　소   서울시 중구 묵정동 31-2 2층
전　　화   02-2269-0425
팩　　스   02-2269-0426
e-mail   nurio1@naver.com

ISBN 978-89-97206-12-4 13590

블링블링
스텐이야기

매일 요리하는 사람들을 위한
스텐팬 사용법

contents

prologue

스사모 운영자 J 인사드립니다~

안녕하세요. 독자 여러분!

스사모 운영자 J입니다.

이렇게 지면으로 만나 뵙게 되어서 반갑습니다. ^^

제 책을 펼쳐 주신 여러분들께

반가움과 환영의 마음을 우선 전합니다.

이 책은 스텐팬을 사용하시는 분들,

스텐팬을 살까 말까 망설이시는 분들,

스텐팬을 샀으나 아직 쳐다만 보고 계시는 분들,

그리고 스텐팬을 잘 써보려 했으나

매번 눌어붙는 음식 때문에 스트레스만 받고

'저걸 내다 버려, 말아?' 하고 고민 중이신 분들,

이런 모든 분들을 위해 썼다는 걸 말씀 드려요.

지금부터 저와 함께

스테인리스 스틸 프라이팬의 신세계로 들어가 보시죠.

제 손 놓치지 않도록 꼬옥~ 잡아주세요~! ^^

이야기를 시작하려면

먼저 스사모에 대한 소개를 드려야 할 것 같아요.

스사모는 제가 운영하고 있는 네이버 카페

'스텐팬을 사용하는 사람들의 모임' 의 줄임말입니다.

'스텐팬' 으로 줄여 쓴 '스테인리스 스틸 프라이팬' 사용자들의

모임이고 2005년 11월에 탄생이 되었답니다.

여기서 살짜쿵~ 주의 사항이 하나 있습니다.

몇 년 째 카페 활동을 하는 스사모 회원들 중에도

스사모가 '스텐팬을 사.랑.하.는. 사람들의 모임' 인 줄로

잘못 알고 계시는 분들이 적지 않아요.

'사.랑.하.는.' 이 아니고

'사.용.하.는.' 인 것, 꼭 기억해 주시기를 부탁 드려요~ ^^

자자~~

소문은 익히 들어 알고 계실 겁니다.

스텐팬, 스텐 후라이팬, , 스텐레스 프라이팬 등등

표기는 조금씩 다르지만

코팅되어있지 않은 은색의 반짝이는 프라이팬에 대해

어디에선가 듣거나 보신 분들이 많으실 겁니다.

'환경호르몬이 안 나온대~'

'근데 무겁고 비싸~'

'그거, 요리사나 쓰는 거 아니야?'

'막 달라붙고 쓰기 어렵다던데~'

스쳐가는 이런저런 이야기들도 들어보셨을 거예요. ^^

그래서 하나쯤 사다가 주방 어딘가에 모셔 둔 분도 계실 거고요.

여러분들께서 관심을 가졌다가도

막상 스텐팬을 사용하기를 두려워하시는 것을 잘 알고 있습니다.

그리고 그 두려움과 의문점들을 지금부터 풀어드리려고 합니다.

J의 스텐 이야기, 시작해 볼게요. ^^

스텐 Story

with J

달라붙거나 찢어짐 없이
스텐팬 위에서 식재료가 미끄러지는 타이밍과 온도는
그 요리의 맛을 최상으로 내게 하는
타이밍 및 온도와 일치한다.

즉,

스텐팬을 예열하는 일은
귀찮게 덧붙여진 요리 준비 과정이 아니라
맛있는 음식을 위한 불 조절,
조리법의 핵심이다.

스텐이야기

1

스텐 프라이팬을 만나다
스사모에 대하여

스사모와
스텐 프라이팬

1

스사모와 스텐 프라이팬

✷스텐 프라이팬을 만나다

음, 어디에서부터 이야기를 해 드릴까 고민하다가

제가 스텐팬을 만나고 적응하기까지의 이야기부터 해 보기로 했어요.

은빛으로 빛나는 자태가 근사해 보여서

언젠가 꼭 써보리라 생각했던 스텐팬을 직접 사용하게 된 것은

2001년도의 일이었습니다.

얼마나 설레었는지 아직도 기억이 그대로입니다.

TV에 나오는 요리사처럼 멋지게 요리하리라,
야무진 마음을 먹었던 것도 생생하고요.

그러나 스텐 프라이팬과의 첫 대면은 물론, 그 후로도 꽤 오랫동안
저의 기대는 아주 보기 좋게 무너져버렸습니다.

시도하는 음식들마다 팬 표면에 닿기만 하면
다 붙어버리고 말았으니까요.
음식을 망쳐 속이 상한 것은 둘째고,
팬을 사용할 때보다 눌어붙은 것들을 닦아낼 때에
훨씬 많은 시간과 노력을 들여야 하는 것이 힘겨웠습니다.

실망을 거듭하다 보니
'스텐 프라이팬이라는 건 우리 음식과는 맞지도 않거니와
아무나 사용할 수 없는 도구'가 아닐까 라는 의심이 짙어지면서
포기하고 싶어지는 마음을 떨쳐버릴 수가 없었습니다.

한층 본격적으로 스텐 프라이팬을 사용하기 시작했던 건
오랫동안 다니던 직장을 그만두고 나서였습니다.
저에게 갖은 시행착오와 좌절을 준 물건이었지만

분명 이 팬으로 요리를 하는 사람들이 존재하고,

쓰라고 만들어 놓은 물건이니

언젠가는 쓸 수 있을 거라는 생각을 늘 했었어요.

'그래 봤자 프라이팬이지 뭐 별거냐.

다 사람 쓰라고 만들어진 건데

어디 네가 이기나 내가 이기나 한번 두고 보자' 는

오기마저 발동하게 되었죠.

우연한 성공, 드디어 감을 잡다!

첫 사용으로부터 2년도 넘었을 때

부침개까지는 그럭저럭 되다 말다 수준이었으나

생선구이나 달걀 프라이는 매번 처참한 실패였습니다.

특히 달걀 프라이는 그야말로 스텐 프라이팬의 천적이었고

생선은 껍질이 벗겨지고 살점이 부서진 채로 먹기 일쑤였습니다.

그러던 어느 날,

예열한다고 팬을 불 위에 올려두고

깜박 잊은 적이 있었습니다.

아차 하고 주방에 갔을 땐

프라이팬이 과열되어서 갈색을 띠기 시작하고 있었고

주변으로는 열기가 후끈하더군요.

깜짝 놀라서 부랴부랴 불을 끄고

팬이 너무 뜨거운 것 같아서 잠시 식기를 기다렸다가

기름을 두르고 생선을 올렸는데

올리자마자 철썩 달라붙던 평소와는 달리

완벽하게 팬 위에서 미끄럼을 타는 게 아니겠어요.

아! 이거였구나!

예열이 부족했었구나!

정말 오랜 고생 끝의 눈물겨운 깨달음의 순간이었습니다.

이것이 스텐팬을 예열해서 쓰는 감을

비로소 스스로 터득하게 된 계기였습니다.

한 번 깨닫고 나니 다음부터는

스텐팬 사용이 갑자기 쉬워지더군요.

그동안 왜 그렇게 힘들었는지

머릿속으로 일목요연하게 정리가 되면서

2년이 넘는 동안의 모든 시행착오가

한 번에 깨끗이 씻기는 느낌이었어요.

이후로는 코팅 프라이팬에 대한 아쉬움도 더 이상 없었고

실패를 하더라도 예전과는 달리

왜 실패했는지 이유를 알 수 있었기에

더 이상 답답하거나 막막하지 않았고

스텐팬에 음식이 눌거나 눌지 않는 이유들을

스스로 유추해 내고 설명할 수가 있게 되었어요.

바로 옆에 있는 출구를 찾지 못하고

미로 속을 헤매고 헤매다가 지도를 발견한 느낌!

천신만고 끝에 발견한 그 자세한 지도를 손바닥 위에 올려두고

여유롭게 내려다보고 있는 느낌이었다고 할까요.

지도를 보기 전에는 영원히 출구를 못 찾을 것 같더니만,

아예 출구는 없는 게 아닐까 의심했지만,

알고 보니 너무 엉뚱한 곳에서 헤매고 있었다는 사실,

출구를 옆에 두고 근처에서만 빙빙 돌았다는 사실이

허탈함과 동시에 짜릿한 기쁨으로 다가왔습니다.

2004년 7월, 스텐팬 예열법을 최초로 소개하다

마침 그 얼마 후, 한 인터넷 게시판에서
'스텐 프라이팬을 쓰고 싶은데
달라붙는다고 해서 살까 말까 망설여진다' 는
어떤 주부의 글을 우연히 읽게 되었는데
그 질문을 보는 순간 얼마나 반가웠는지 모릅니다.

깡충깡충 뛸 만큼 기뻐서 부랴부랴 닉네임을 정하고
(지금까지 쓰고 있는 J라는 닉네임이
바로 이때 답글을 쓰기 위해 급히 정했던 이름입니다.)
그 글에 답변을 작성했던 기억이 납니다.

저처럼 헤매지 말고 처음부터 잘 적응하기를 바라는 마음으로
제가 발견한 예열 방법을 순식간에 써내려 갔습니다.
저는 고생 고생해서 깨우쳤으나
사실은 그렇게까지 어려운 것이 아니었다는 걸
많은 사람들에게 정말 소리쳐 알려주고 싶었거든요.

바로 아래의 글이 그 때의 답변이며

나중에 더 자세히 정리한 '정석 예열법' 의 시초가 되었습니다.

(정석 예열법은 130p 참조)

스텐 프라이팬 쓰기 하나도 안 어려워요!!!

요령 알려 드릴게요.

1. 일단 센 불에 달구어서 아주 뜨겁게 만드세요.

2. 불을 끄고 식히세요. 약 2분여 동안.

   (빨리 하려면 젖은 수건 위에 올려 '치익' 소리를 내며 식혀도 됨.)

3. 요리할 음식종류에 따라 기름을 적당량 넣으세요.

4. 약불 또는 약불과 중불의 중간 정도(이것도 요리에 따라)로

   불을 켜세요.

5. 기름이 충분히 뜨거워졌다고 생각될 때(다시 불 켜고 약 1분여 후)

   재료를 넣으세요.

달걀 프라이, 두부부침, 감자볶음, 생선구이, 부침개, 각종 전 등

잘 달라붙는 음식들도 이렇게만 쓰시면

코팅 팬보다도 훨씬 맛있게 구워지고 부쳐진답니다.

참, 달걀 프라이는 다시 불 켤 필요 없이 여열(남아 있는 열)을 가지고 충분히 됩니다.

이 개운한 기분은 스텐 프라이팬 아니면 못 느낄 것 같아요.

생선 프라이팬 따로 안 써도 되고요(냄새 안 배니까)

그리고 빡빡 닦아 쓰니까 진짜 위생적이에요.

그리고 생선구이나 두부구이 같은 것도 훨씬 빨리 잘 돼요.

양념 많은 볶음(낙지볶음 같은 종류)하기도 정말 좋고요.

스텐 프라이팬 강력 추천합니다.

제가 위에 쓴 방법대로만 하시면 길들이지 않아도 무방합니다.

써 놓고 보니 되게 복잡한 과정 같군요. ㅡㅡ;;

익숙해지면 전혀 번거로울 거 없답니다. 글로 써서 거창한 거고요…

해 보시면 감이 잡히실 건데… 설명하려니까 ㅎㅎㅎ 그렇네요.

바로 짤막한 이 글 하나에서 시작된

'스텐 프라이팬'에 대한 사람들의 관심은

예상 외로 빠르게 물결처럼 퍼져나가기 시작했습니다.

답글 한 번 달고 끝날 줄로 알았던 그 게시판에서
오랫동안 스텐팬에 관한 상담을 하게 되었고
하루에도 수십 통의 쪽지를 받곤 했답니다.

사용자들에게 쪽지를 받고 다시 답장을 하고
그러면서 스텐팬 사용에 관한 저의 경험이
자연스럽게 글로 정리가 되었고요.

스사모의 탄생에서 지면으로 여러분을 만나기까지

2005년 11월에는 그런 제 글들을 모으고 정리해
좀 더 많은 스텐팬 사용자들에게 읽히고자
네이버 카페 '스텐팬을 사용하는 사람들의 모임'을 만들었고,
현재까지 10만여 명의 회원과 함께
스텐팬 사용에 관한 이야기를 계속 나누고 있습니다.

스텐팬 예열법 이야기 하나로 시작한 스사모는
식구가 부쩍부쩍 늘어나면서
스텐에 관한 모든 것을 다루고 있는 것은 물론
다양한 요리, 살림 이야기로 북적거리게 되었습니다.

그 과정에서 저는 스텐팬의 사용법뿐 아니라
전반적인 스텐 조리 도구의 사용에 관한 지식들,
그리고 스텐 재질에 대한 좀 더 전문적인 정보와
제품의 생산과 유통, 판매에 대한 지식들까지
알게 모르게 조금씩 쌓아가게 되었습니다.

스텐팬에 음식이 미끄러질 때 느끼는 희열,
세척 후의 개운함, 또한 관리의 편리함
그리고 그로 인해 새로이 발견하는 요리의 즐거움,
그렇게 만든 음식을 내 가족과 나누는 기쁨을
스사모에서 많은 분들과 함께해 온 것처럼,
이 책을 통해 더 많은 분들과
스텐팬 사용의 특별한 즐거움을 나누고 싶습니다.

⭐스사모에 대하여

스사모를 처음 만든 2005년 말을 기억해보면,
커뮤니티를 만들겠다는 계획 같은 건 없었고
지금처럼 많은 분들과 함께하게 될 줄도
전혀 예상치 못했습니다.

그저 단순한 생각이었죠.
스사모 이전 1년 반 동안 쌓인 저의 스텐 관련 글을
개인 컴퓨터에 저장했다 날리는 것보다는
인터넷 공간에 정리해 두면 좋지 않을까 하는 마음에
웹하드 빌려 쓰는 셈 치고 만든 것이 스사모였습니다.

'같은 질문이 반복되는 걸 어떡하면 멈출 수 있을까?'
사용자들의 질문을 받을 때마다 이 고민도 늘 했었는데요,
찾아보기 쉽도록 제 글만 한곳에 모아 둔다면
더 이상 반복되는 질문은 나오지 않겠지 하는
지극히 단순한 바람도 가졌었고요.

(그러나 똑같은 질문들은 오늘도 계속되고 있습니다. ^^;;;)
그랬는데, 겨우 한 달만에 회원 수가 100명이 되더라고요.
어디에 홍보를 하거나 그 누구도 카페로 초대를 하지 않았는데
인터넷 검색의 힘이란 놀라운 것이었습니다.

회원 수가 매일매일 늘어나는 일보다 더 신기한 건,
제 글을 보고 스텐팬을 사용해 본 회원들이
하나둘씩 후기를 올리기 시작했다는 점이었습니다.

스사모에는 스텐팬 사용자들이 점점 모여들었고
당시 국내 소비자들에게는 아직 인식되지 않았던
통 3중 프라이팬 및 냄비 유행을 선도하게 되었습니다.

개설 1년 만인 2006년 말에 회원이 만 명을 돌파하더니
지난 8년에 가까운 세월이 흐르는 동안
스사모의 활동 영역은 확대를 거듭했습니다.

스텐팬의 예열이라는 작은 모티브로 시작하였으나
지금은 스텐 조리 기구 전체에 대한 것을 다루게 되었고요.

그중 대표적인 스사모의 발자취 몇 가지를 꼽아보면…….

- 2005년 5월 2일 이후 현재까지 네이버 대표 카페로 선정

- 다양한 형태의 오프라인 스텐팬 시연회 개최

- 스테인리스 강종 표기 표준화를 위한 서명운동

- 알루미늄 급식 밥솥 교체 캠페인

  (우리 아이들의 밥솥을 바꾸어 줍시다.)

- TV나 신문, 잡지 등 다수 매체를 통해 스텐 관련 정보 제공

- 스테인리스 사용자 및 업체와의 만남 주최

- 2010~2013년 암비엔떼(Ambiente : 독일 프랑크푸르트 소비재 박람회)

  참관

- 업체와 협력하여 자체 개발 상품 제작 및 판매

현재는 10만 여명의 회원들이 활동하고 있는
국내외 최초이자 유일한 스텐 프라이팬 사용자 모임이자
가정용 스텐 제품에 대한 모든 것이라고 해도 과언이 아닌
스텐 관련 정보의 보고 역할을 하고 있습니다.

스사모가 발전해오는 동안 세월이 많이 흘렀다는 것은
회원 수 증가나 스사모의 활동 영역 확대 외에도

느낄 기회가 사실 많습니다.

그중 가장 두드러진 건,

스텐팬에 대한 사용자들의 인식입니다.

스사모에 가입하려면 몇 가지 질문에 답변을 해야 하는데

그중 첫 번째가 '현재 스텐팬 사용자십니까?' 입니다.

초창기에는

　　'스텐팬? 그게 뭔데요?'

　　'저는 테팔 쓰고 있는데 그게 스텐팬인가요?

　　'모르겠습니다.'

이런 답변들이 흔했습니다.

스텐팬의 존재 자체를 모르는 분들이 굉장히 많았지요.

그런데, 최근의 답변을 보면 양상이 많이 달라졌습니다.

　　'네, 쓰는데 잘 안 되네요.'

　　'아직 냄비만 쓰고 있습니다.'

　　'이제 써 보려고 가입했습니다.'

네, 적어도 스사모에 노크를 하는 분들은

스텐팬이라는 것이 있다는 사실을

이제 대부분 알고 계시더라고요.

벌써 사용하고 계시는 분들도 부쩍 늘어났고요.

앞으로도, 이런 변화는 계속될 것을 확신합니다.^^

요리하는 모든 사람들이 스텐팬을 알게 될 때까지

모든 가정에서 스텐팬을 사용할 때까지

스사모는 여전히 그 변화의 중심에 있을 것이고요.

스텐팬은 단순한 요리 도구가 아닙니다.

'불'과 '물'과 '시간'과 같은 요리의 중요 요소들에 대해

무뎠던 감각을 일깨워주고 되찾아주어

궁극적으로는 요리의 즐거움을 새로 발견하게 하는

아주 기특하고 고마운 물건이랍니다.^^

무엇보다도 요리가 재미있어집니다.

재미가 있기에 많은 분이 스사모와 함께하고 계시고

저 역시 똑같은 이야기를 거의 십 년째 지치지 않고 하고 있겠죠.

이 재미에 동참하게 되신 분들과

이제 본격적인 스텐팬 이야기를

하나씩 풀어나가 보도록 하겠습니다.^^

2

스테인리스 스틸의 장점은 무엇일까?
스테인리스란 무엇인가?

그 이름도 친숙한
스뎅~ 근데 스뎅이 뭐지?

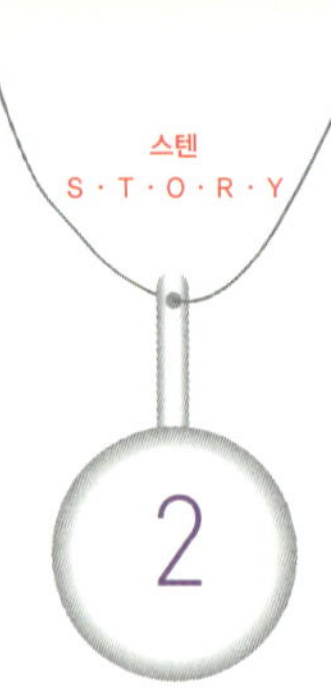

그 이름도 친숙한 스뎅~
근데 스뎅이 뭐지?

✹스테인리스 스틸의 장점은 무엇일까?

1. 비교 불가한 이 개운함 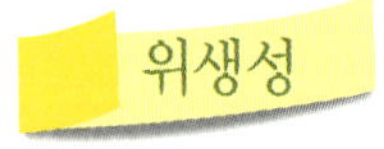

제가 스텐 제품의 첫 번째 장점으로 꼽는 특징은 무엇보다도

위.생.성. 입니다.

저는 이것을 '있는 그대로를 보여 주는 정직함' 이라 말하고 싶어요.

스텐 제품의 표면은 고유의 은색을 띠고 있고

덧씌워진 코팅 같은 것이 없기 때문에

이물질이 묻어 있거나 덜 씻긴 음식이 남아있으면

바로 눈으로 확인할 수 있어서

언제나 속 시원히 닦아 쓸 수가 있습니다.

코팅 프라이팬을 스텐팬으로 바꾼 후에 설거지를 해 보신 분들은

아마도 이 말에 100% 공감하실 거라고 확신합니다.

음식의 냄새나 색이 잘 배지 않기에

새 제품을 쓰는 것과 같은 개운함을 쓰는 동안 계속 누릴 수 있습니다.

스테인리스는 조리 용기에 쓰이는 딴 재질들과 비교할 때에

표면이 매끄러우며 단단해서 그만큼 이물질이 남아있기가 어렵다는

것이 그 이유입니다.

알루미늄처럼 강도가 약해 쉽게 요철이 생겨 음식물 찌꺼기가 끼거나

코팅재질처럼 기름기나 양념이 찌들지도 않지요.

사용한 지 몇 개월 지나지 않아 기름이 배어 찐득찐득해지거나

딴 음식에 냄새가 밸까 봐 생선구이 팬을 따로 쓰는 일 같은 건

스텐팬 사용자에게는 없는 일입니다.

진한 양념이 있는 음식을 해도,

비린내가 많이 나는 음식을 조리하고 나서도,

기름을 많이 쓰는 음식을 하고 나서도,

세척만 하면 바로 처음과 같은 상태로 돌아오기 때문에,

굳이 팬을 용도별로 구입하지 않아도 다양한 요리가 가능해서,

하나의 팬을 여러 가지로 활용할 수 있다는 장점까지 생기게 됩니다.

스텐팬의 깨끗함과 개운함.

더욱 많은 분들과 공감하고 싶습니다. ^^

2. 안심이 되어 더 사랑받아요 안전(정)성

두 번째 스텐팬의 장점은 안전성과 안정성

이 두 가지를 묶어 말씀 드릴게요.

제가 스텐팬의 깨끗함을 첫 번째 미덕으로 꼽는 반면,

많은 분들은 스텐팬의 인체 안전성에 대해 가장 많이

칭찬하시는 것 같습니다.

사실상 스텐팬에 입문하는 첫째 이유이자 시작점이 되기도 하고요.

스사모 회원들 가입 계기의 절반 정도가

'코팅을 피해서 검색하다가' 랍니다. ㅎㅎ

프라이팬 대부분에 적용되는 불소수지 코팅을 하지 않았기에,

고열에서 써도, 기름진 음식을 해도 걱정할 거리가 없는 것이죠.

즉, PFOA(동물실험결과 유해성이 드러난 불소수지 제조과정에
쓰이는 물질로 미국에서는 2015년까지 이 물질의 사용을 100%
줄이기로 되어있음)나 혹은 또 다른 미지의 화학물질에 대해서
아예 신경을 쓰지 않아도 되니까요.

스테인리스는 현재로서 식기 재료로 널리 쓰이는 물질 중
유리와 더불어 가장 안심하고 사용할 수 있는 재료입니다.
이렇게 유해성의 논란에서 제외된다는 것과 비슷한 맥락에서
스텐팬은 스텐이라는 재질 자체의 안전성도 갖고 있습니다.

또한 스텐은 표면에 흠집이 생겨도
'부동태피막' 이라는 것이 자동 생성되어
녹이 슬지 않는 스텐 고유의 성질을 그대로 유지합니다.
금속 중 반응성이 낮기에 산과 염기에 강한 편이어서
조리할 때에 특별히 기피해야 하는 식재료가 없고
부식이 잘 되지 않습니다.
예를 들면, 김치찌개나 된장찌개처럼 염분이 많은 음식이나
토마토나 딸기처럼 산성이 강한 과일을 조리해도
알루미늄 냄비에서처럼 부식될까 걱정을 하지 않아도 됩니다.

또, 철이나 무쇠 냄비에 조리한 음식을 오래 담아두거나
물에 담가두는 일 따위는 바로 녹이 나게 하기 때문에
조리 직후에 바로 설거지를 해서 말려두어야만 하는데요,
이렇듯 녹이 금세 나거나 산성 음식에 부식될 염려가 있는
딴 금속 재질에 비해 스텐은 훨씬 사용이 쉽습니다.
음식을 담아두거나 조리 후에 물에 담가 두었다가 설거지를 해도
무방하기 때문에 관리에 별도로 신경 쓸 부분이 거의 없다는 것이
큰 장점입니다. (쉽게 말해, 저처럼 아주 게으른 사람도 잘 사용할 수
있는 것이 스텐이랍니다. ㅎㅎ)

그릇을 모시고 살거나 매일매일 부지런히 관리해야 한다면
주부들에게는 또 하나의 일거리가 생기는 셈인데
스텐은 그런 점에서도 큰 점수를 줄 만한 것 같습니다.

3. 대를 물려도 멀쩡해요
(도대체 언제 망가질껴~) 경제성

오래 쓰기에 알맞은 물건을 '만년묵이'라고 하죠
여러분의 집안에 있는 물건들을 한번 둘러보세요.

아마 스테인리스만한 만년묵이도 흔치 않을 겁니다. ^^

강도가 높은 금속인 스테인리스는

잘 깨지거나 변형이 되지 않고

쉽게 녹이 슬지 않으며 산과 염기에도 잘 반응하지 않고

또한 표면에 입혀진 코팅재 따위가 벗겨질 일도 없습니다.

일부 제조 과정 중 불량이 있었던 경우나

사용자가 싫증이 나서 안 쓰는 경우를 제외하면

거의 반영구적으로 사용할 수 있죠.

곱게 아껴 대를 물려 쓰시는 분들도 계실 정도니까요.

스텐이 여러 조리 도구 재질들 중에서

고가인 제품군에 속하는 것은 사실입니다만

가격이란 품질, 내구성, 사용 기간 및 활용도를 고려한 상태에서

비로소 합리적인 비교가 가능하다는 것을 생각해 보면

과연 스텐 제품이 정말로 비싼 것인가를

다시 생각해보지 않을 수 없습니다.

사용 기간에 대비한 비용을 계산한다면

스테인리스는 그 어떤 재질의 주방용품보다도 오히려 경제적이죠.

분명 주방용 소모품임에도

어쩌면 소모품 쪽보다는 내구재의 성격을 띠기도 하고요.

싫증이 나서 그만 없애버리고 싶은데도 너무 멀쩡하다 보니
새로운 걸 사지도 못하고 지겨운 채로 계속 써야 하는 것이
간혹 단점으로 느껴지는 수도 있을 거예요. 하하!

내구성과 그로 인한 경제성.
스테인리스라는 재질의 본질적인 장점이며,
현명한 소비를 하는 사람들이 스텐을 선택하게 되는
가장 분명한 이유 중 하나라고 생각합니다. ^^

4. 우리 몸뿐 아니라 지구에도 해가 없어요. 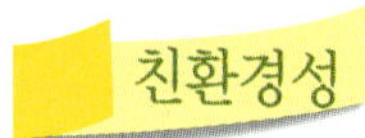

스테인리스는 100% 재활용되는 재질이어서 친환경적입니다.

쓰이는 동안만 무해한 것이 아니라
인체에만 해를 주지 않는 것이 아니라
스테인리스는 우리 삶의 터전인 이 땅에 쓰레기로 남지 않습니다.
주방용품을 포함한 온갖 생활용품과 시설물 등으로 만들어져
오랫동안 잘 쓰이다가 수명을 다한 뒤에도
다시 또 다른 제품으로 태어나게 됩니다.

나 한 사람, 우리 가족만의 편리함과 건강을 위해서가 아닌,
전 인류와 미래의 후손들까지 생각할 때에도
스텐 제품의 사용은 역시 긍정적이라고 말할 수 있을 것 같습니다.
친환경성은 스테인리스의 장점 중 가장 짧게 정리했지만
어쩌면 가장 큰 부분인지도 모르겠습니다. ^^

5.게을러도 걱정 마세요 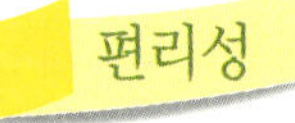

우선 스테인리스 제품은 설거지가 쉽습니다.

부지런한 분들께서는 식사 직후 바로 설거지를 하시겠지만
살짝 불려 설거지하면 더 빠르고 쉽게 닦이기에
저는 곧잘 물에 담가놓기 때문에 스텐이 더없이 편합니다.
좀 눌리고 태웠더라도 물에 담가서 불리는 것으로
깜박 실수로 꽤 심하게 태운 경우에도
적절한 세정 도구나 세제를 사용하면 쉽게 닦아 새것처럼 쓸 수 있습니다.

태웠을 때에 가장 복구가 잘되는 재질이 스테인리스거든요.

또, 찌개나 조림 등 남은 음식도

냄비 그대로 냉장고에 보관해도

혹시 녹이 슬까 걱정 없고요.

다시 냉장고에서 꺼내어 바로 불 위에 올려도 되고요.

구입해서 처음 사용할 때에 전처리를 해야 해서

살까 말까 조금 주저하게 되는 조리 용기들도 있는데

스테인리스는 길들이기 과정 필요 없이

그냥 깨끗하게 세척만 해서 쓰면 됩니다.

큰 잔치 때에나 쓰는 사용 빈도가 낮은 제품 같은 경우

한동안 주방 서랍의 구석이나 창고에 넣어 둘 수도 있는데

스텐은 장기간 보관하더라도 혹시 녹이라도 나서 못쓰게 될까

염려하지 않아도 괜찮고요.

이렇게 스테인리스는 흠잡을 데 없는 '편리성'을

사용자에게 선물합니다.

쉬이 녹이 나거나 벗겨지는 재질이 아니므로

제품관리에 특별한 신경을 쓸 필요가 없이

마음 놓고 편리하게 사용할 수 있습니다.

그릇은 매일매일 음식하는 데에 쓰라고 있는 것이지

진열해 놓고 바라만 보라고 있는 것이 아니기에

스테인리스의 편리성은 간과할 수 없는 부분이라고 생각해요. ^^

6. 가공/제조 단계에서 재질에 장난칠 수 없으니 다시 한 번 안심 　신뢰성

각종 공산품의 품질은 최종 생산자에 의해 결정된다고 봐야 할 텐데요,

제품의 사양과 품질, 마무리와 완성도는

최종 생산자에 의해 좌우되지만

재질의 경우는 제조 방식에 따라서 좀 달라질 수 있습니다.

금속류 주방용품 중 아직까지 가장 흔한 것이 알루미늄인데

알루미늄 용기들은 주물 방식으로 많이 제조합니다.

많은 분들이 '주물'을 '금속 재질 중 하나'로 오해하고 계시는데

실은 금속 등의 재질을 상품으로 만드는 '방법' 중 하나입니다.

원재료를 녹여 틀에 부어 굳혀내는 방법을 주물 방식이라고 한답니다.

알루미늄을 녹여 틀에 부어 만들면 알루미늄 주물

무쇠를 그렇게 만들면 무쇠 주물

철을 녹여 만들면 철 주물입니다.

일례로 알루미늄 주물 조리 용기는 최종 생산 공장에서

녹인 알루미늄을 틀에 부어 굳혀 만들게 되는데

이때에 작업의 편의를 꾀하느라

또는 제품 생산 단가를 낮추기 위해

또는 −품질과는 별개로− 사용자의 만족도를 높이기 위해

(사용자는 좋게 느끼지만 실제로 품질은 나빠지는 것이거나

단지 사용감을 좋게 하기 위해 나쁜 물질이 섞이게 되는 경우들)

여러 가지 이물질을 섞는 것이 가능합니다.

결론적으로 무슨 의미냐면,

제품화되는 단계에서 재질의 성분에 변화가 올 수 있다는 뜻입니다.

알루미늄을 예로 들었습니다만,

다른 금속들도 또는 금속 주물이 아니라도

재료를 배합해 만드는 제품은 같은 이유에 의해서

그 성분이 충분히 변화될 수 있습니다.

이는 최종 생산품을 만드는 업자의 양심과 가치관,

장인 정신과 기업가 정신에 달려있다고 봐야겠죠.

만드는 사람이 제품의 품질과 소비자의 안전을 먼저 생각하는지

혹은, 제조 공정의 편리함, 완성품의 겉모양이나 저렴한 단가만

중시하는지 바로 그 부분에서 최종적인 재질이 달라질 수 있고
후자의 경우 그 피해가 소비자에게 돌아갈 수 있는 가능성이
생겨버립니다.

그런데 스테인리스 조리 용기의 경우는 조금 다릅니다.
우선 스테인리스 자체가 세계 규격에 의해 세계적인 규모의
큰 공장에서 생산됩니다.

그리고 중간 가공 및 최종 공산품의 제조 단계에서
업자가 재질의 성분에 어떠한 변화도 임의로 줄 수가 없습니다.

그 이유는, 여러분과 제가 사용하고 있는 99.9%의 스테인리스 조리
용기가 모두 판재 방식으로 제조되기 때문입니다.
시중의 제품은 최초의 생산 공장에서 나온 스테인리스를
녹이는 과정 없이 단지 열과 압력으로 변형시키거나
재단만 해서 만듭니다.
스테인리스 주물 용기는 시중에서는 거의 찾아보기 어려우며
핸들 정도의 일부 부속을 주물 제조하는 경우가 있을 뿐입니다.

이건, 꽤 의미 있는 차별성입니다.

어디에서 생산한 어떤 브랜드의, 어떤 가격대의 제품이든
그 재료를 용도에 맞는 스테인리스 강종으로 선택하기만 했다면
적어도 재질 자체에 대해서만큼은 믿고 살 수 있다는 의미니까요. ^^

재질에 대한 신뢰성 , 이것이 제가 정리해 본 스테인리스의 마지막이
자 조금은 특별한 좋은 점이랍니다. ^^

> **Tip**
>
> 간혹 스텐 제품을 판매하는 분들 중에, 특정 제품은 몸에 좋은 스텐
> 으로 만들었다는 이야기를 하는 경우가 있습니다. 때로는 더욱 부풀
> 려 난치병 환자가 그 제품을 쓰면 병이 호전될 수 있다는 식의 거짓
> 광고를 하기도 합니다. 스테인리스가 인체에 무해하고 기타 다른 조
> 리 도구 재질들에 비해 안전한 것은 사실이지만, 인체에 좋은 영향을
> 끼치거나 특별한 병을 낫게 한다는 것은 사실이 아닌 과장 광고입니
> 다. 이런 과장 광고는 가격에 거품이 심한 일부 고가 제품 판매원들
> 의 입을 통해 자주 언급되는 경향이 있습니다.
> 과장/거짓 광고에 넘어가지 않도록 주의하세요~!

✮ 스테인리스란 무엇인가?

1. 스테인리스 스틸의 정의

스테인리스(Stain+less)란 「녹이+없다」는 합성어로 녹슬지 않는 철을 의미한다. 스테인리스스틸은 일반 탄소강 대비 우수한 내식성을 지니고 있어서 다양한 용도에 광범위하게 사용되고 있다.

스테인리스 스틸은 약 10.5wt.% 이상의 Cr(크롬) 성분을 포함한 특수강으로 표면이 미려하고 내식성이 우수하여, 도장, 도색 등의 표면처리를 하지 않고도 다양한 용도에 사용할 수 있는 철강 재료이다. 대표적으로 13Cr강, 18Cr강, 18Cr-8Ni강이 있으며, 주성분인 Cr이 강(鋼) 표면에 매우 얇은 Cr_2O_3층($20\sim30\,\text{Å}$)을 형성하여 금속 기지 내로 침입하는 산소를 차단시키는 부동태 피막(Passivity Layer)의 역할을 함으로써 녹이 잘 슬지 않는 특성을 갖게 한다.

-수요산업별 스테인리스스틸 적용사례집 中에서

'한국철강협회 스테인리스스틸클럽' 에서 발간한
'수요산업별 스테인리스스틸 적용 사례집' 에서는

스텐에 대한 정의를 위와 같이 설명하고 있습니다.

쉽게 다시 정리하자면,

철에 13% 이상 함유된 크롬이 산소를 차단시킴으로써

녹이 잘 슬지 않는 철강이 '스테인리스 스틸' 이라는 것입니다.

영문 표기로는 'Stainless Steel'

국문 표기로는 '스테인리스 스틸'

하지만 우리가 일상에서 이 길다란 이름을 그대로 쓰지는 않습니다.

'스텐', '스뎅' 길어야 '스텐레스' 정도로

부르는 경우가 대부분이지요.

편의를 위해 이 책에서도 '스텐' 이라고 줄여 부르도록 하겠습니다.

2. 스테인리스 스틸의 종류

스텐은 들어가는 금속의 종류와 비율에 따라서

다양하게 분류가 됩니다.

하지만, 주방용품에 사용되는 스텐 강종은 한정적이기 때문에

대표적인 두 가지만 소개하도록 하겠습니다.

① 300계 스테인리스(대표적인 강종은 STS304)

304스텐이라고 하면 오히려 생소하게 느끼는 분들이 많고

27종 스텐이라든가 18-10이나 18-8이라는 이름을

훨씬 많은 분들이 들어보셨을 거예요.

현재 주방용품의 스텐 재질 표기에 대한 규정이

정확하게 되어있지 않아서

제품상에는 이 모든 표기들이 혼재하는 상태입니다만,

결론적으로는 모두 같은 재질에 대한 표기입니다.

공식적인 표기는 스테인리스(STS)304입니다.

강종 분류에서도 이렇게 표기가 되거든요.

18-10이니 18-8이니 하는 것들은

304 스테인리스에 포함된 크롬과 니켈의 비율을 뜻하는 것인데

마치 이름처럼 오랫동안 사용되어 왔고 지금도 많은 분들이 쓰십니다.

이 부분에서 꼭 나오는 질문이 있는데

그렇다면 '18-10과 18-8은 같은 것인가, 다른 것인가?',

바로 이것이죠. ^^

결론부터 말씀드리면, '현실적으로' 같은 것입니다.

왜 그러한지 설명해 드릴게요.

크롬의 비율이 18%이면서 니켈의 비율이 8~10.5% 범위에 있는

스테인리스가 STS304인데

스테인리스를 이루는 금속 중에서 가격의

비중이 높은 것이 니켈입니다.

함유 비율은 8%밖에 안 되지만 스테인리스

가격의 50% 이상을 차지할 정도이죠.

니켈 가격 폭등 등의 이유로 304 강종의 조건만 충족하도록

 8% 살짝 넘는 니켈 비율로 생산하는 것이 최근의 실정이어서

시중의 제품들 중 니켈 비율이 10%인 경우는

찾아보기 어려울 정도입니다.

그래서 '현실적으로' 18-10과 18-8은 같은 것이라고

말씀드린 것입니다.

나라마다, 혹은 업체마다 304강종에 대한 표기의 방식이 다른데

예를 들면 독일에서는 대개 18-10으로 표기하고 있고

일본의 경우 18-8로 표기하는 경우가 많습니다.

국내에서는 304, 18-10, 18-8, 27종 등이 혼재되어 쓰이고 있으나

모두 304스테인리스를 뜻하는 것임을 알아둘 필요가 있습니다.

② 400계 스테인리스(대표적인 강종은 STS430)

STS430은 STS304 다음으로 주방용품에 많이 쓰이는 재질입니다.

STS304보다는 내부식성이 약간 떨어지는 것으로 알려져 있습니다만

일반적인 가정 환경에서 조리 도구로 사용하는 데에 문제가 되는 것은

아닙니다.

실용성을 강조하는 브랜드에서는 냄비의 본체까지 430을 이용해

만들기도 합니다.

또한 300계에 없는 400계 만의 특성 때문에

가위나 칼 등 절삭력이 중요한 주방용품 제조에

많이 쓰이기도 합니다.

430스테인리스는 크롬이 16% 들어간 강종이며

니켈은 들어있지 않고 자성을 띠고 있어 304와 쉽게 구분됩니다.

자석을 가까이하면 '철커덕' 하고 달라붙어

자성이 없는 304와 확연히 다른 점을 보입니다.

이 자성 때문에 430강종은 냄비의 바닥면(겉면)에 적용되어

인덕션 레인지에서의 사용이 가능하도록 합니다.

(인덕션 레인지는 다른 전기레인지와 달리

자성이 있는 용기만 쓸 수 있습니다.)

분명 304스텐인데도 자성을 띤다는

사용자들의 질문이 종종 있습니다.

이런 경우 두 가지 답변을 드릴 수 있습니다.

우선 원래는 자성이 없는 304스텐이 제품을 만드는 과정에서

열과 압력 등에 의해 변형되며 일부 자성을 갖게 되는 경우입니다.

이렇게 변형으로 인해 생긴 자성은

자석을 대어 보면 약간 붙는 느낌이 살짝 드는

비교적 약한 자성입니다.

가까이하기만 해도 강력하게 철컥 하고 달라붙는

430강종의 자성과는 차이가 커서 구분할 수 있습니다.

두 번째의 경우는 통삼중 냄비의 안쪽에 자석이 달라붙는 경우인데,

이는 겉면에 적용된 430강종의 자성이 안쪽까지 미치기 때문입니다.

안쪽은 304로 되어있더라도 바깥면의 430강종 때문에

자석이 붙게 되는 것이죠.

✹ 스텐에 대한 오해와 진실

Q1 떠먹는 요구르트를 먹을 때 스텐은 유산균을 죽인다고
플라스틱이나 나무 숟가락을 쓰라고 하던데?

A 스테인리스에 대해 잘못 알려진 낭설 중 대표적인 것입니다.
스테인리스는 유산균을 파괴하지 않습니다.
여러분들이 시중에서 구입해 드시는 모든 요구르트는
스테인리스 용기에서 배양된 유산균으로 만듭니다.
생산공정은 모두 스테인리스 시설로 되어있으며
단지 맨 마지막에 포장만 플라스틱 용기에 하게 됩니다.
스텐에 유산균이 죽는다면,
시판 요구르트도 만들어질 수가 없다는 이야기죠. ^^

그뿐 아니라 가정에서도 스테인리스 냄비로 손쉽게
요구르트를 만들어 먹을 수 있습니다.
스테인리스가 유산균을 파괴한다면 이런 일들이 과연 가능할까요?
남산시연회나 철의 날 마라톤대회 시연회 같은 스사모 오프 행사

에서 스텐 냄비로 만든 요구르트 시식 행사를 하는

이유가 바로 이 때문입니다.

스텐에 유산균이 닿으면 죽는다는 낭설을 바로잡기 위해서... ^^

Q1-1 그런데 그런 낭설은 왜 생겼을까요?

A 반응성이 있는 타 금속들에 대한 주의 사항에

스텐이 도매금으로 넘어간 케이스로 추측이 되어요.

아니면 요구르트제조기나 약탕기 같은 것을 파는 사람들이

'절대, 스텐 그릇에다 하면 안 돼요' 하는 말들이 퍼진 영향도 있

을 거 같고...

한약 약효가 줄어든다는 둥 꿀과 상극이라는 둥

스텐에 대한 낭설이 왜 이리 많은지

아무리 열심히 말하고 다녀도

아직 잘못 아시는 분들이 훨씬 많아 안타까워요. ㅜㅜ

스텐은 금속이지만 반응성이 매우 낮은 물질이기 때문에

어떤 식품류와 접촉을 하든 그 성분을 변화시키거나 파괴시키는

것에 대해서 걱정을 할 필요는 없다는 것입니다.

만약 요리할 때 재료와 스텐의 접촉을 걱정해야 한다면

스텐 외의 금속 조리 도구들부터 먼저 걱정해야 하겠지요.

스텐 이외의 금속 제품이 나쁘다는 뜻이 아니라

금속으로 된 제품 중에서는 스텐이 반응성이 가장 낮다는 걸

말씀드리는 거랍니다.

근거 없는 풍문만으로 괜한 걱정은 이제 뚝~ 하세요. ^^

(240p 스텐 냄비로 요구르트 만들기 참조)

Q2 자석이 붙지 않아야만 좋은 스텐이다?

스텐에는 원래 자석이 안 붙는 거라면서요?

그럼 자석이 붙으면 스텐이 아닌가요?

A

스테인리스에는 사용 목적에 따른 다양한 종류가 있다 보니

자성이 있는 경우(STS430)가 있기도 하고

자성이 없는 경우(STS304)가 있기도 합니다만

자성의 유무가 스테인리스냐 아니냐를 구분하지는 않습니다.

자성뿐 아니라 각 강종의 성형성, 강도, 내부식성, 기타 등등 고유

의 성질에 따라 각각 쓰임새가 달라지기 때문에 많은 종류의 스테

인리스강이 존재합니다.

Q2-1 제 냄비에 분명히 STS304라고 쓰여 있는데요, 자석이 붙네요.

재질을 속인 걸까요?

A – 두 가지의 경우가 있습니다.

우선 첫 번째, 대부분의 재질 표기는

음식이 닿는 내부면에 대해서만 되어 있습니다.

즉, 제품의 안쪽이 STS304이고

바깥면이나 바닥면은 STS430일 경우에도

STS304로만 표기를 합니다.

STS430 부위에 자석을 대 보셨다면 당연히

자성이 느껴지게 되겠죠. ^^

두 번째 가능성은, 분명 STS304 스텐임에도

자성을 띠는 경우가 있습니다.

이것은 스테인리스가 제품으로 만들어지는 공정에서

열이나 압력 등에 의해 성질이 변해서

약한 자성을 띠게 되기 때문입니다.

특히 굴곡진 면에 이런 현상이 잘 생깁니다.

그렇지만 STS430 스텐의 강한 자성과는 차이가 있고

자석을 대 보면 비교적 약한 자성이 부분적으로 느껴집니다.

STS430 스텐에 철커덕 달라붙는 느낌과는 큰 차이가 있습니다.

 • 블링블링 스텐이야기

Q3 앗, 스텐에 녹이! 그럼 이건 불량 혹은 가짜 스텐?

A 스텐(스테인리스 스틸, Stainless Steel)이 녹이 안 스는
강철이라고 하니까 종종 녹이 난 것을 보고 놀라
'스텐도 녹이 나느냐'고 물으시는 분들을 뵙습니다.
또 가끔은 표면이 살짝 부식된 경우 '스텐도 벗겨지나요?'
라는 질문도 올라오죠.^^

스테인리스는 '절대 녹이 나지 않는 금속'이 아니고
'녹이 잘 나지 않는 금속',
'웬만해서 쉽게는 녹이 슬지 않는 금속'이랍니다.

스테인리스를 잘 부식시키는 물질은
염소 이온과 불소 이온 두 가지인데요
일반 가정에서 불소 용액을 냄비에 담을 일은 없을 것 같으니
염소이온 즉 소금물에 대한 부분만 말씀 드리도록 할게요.

가장 좋지 않은 것이 '소금+물+스테인리스'의 만남인데
생활 속에서는 아래 지적한 부분만 주의하시면 됩니다.. ^^

우선 소금물을 끓일 때에는

소금을 물에 완전히 녹인 후에 끓이시는 것이 좋아요.

소금 알갱이가 녹지 않고 밑바닥에 가라앉은 채 끓이게 되면

스테인리스가 부식되기 쉽습니다.

이 경우 못쓰게 녹이 나는 것은 아니고

소금이 닿았던 부분이 긁힌 듯 손상되어

마치 스테인리스 표면이 벗겨진(?) 것처럼 보이는 경우들인데

이것은 표면에 연마된 부분이 살짝 부식되어

색이 달라 보이는 것일 뿐이랍니다.

이전 글에서 말씀 드렸다시피 스테인리스는 표면에

손상이 있어도 곧 재생되어 전과 같은 상태가 되므로

사용에 지장을 주거나 하지는 않습니다.

(라면 스프에도 소금 알갱이가 있어서

간혹 비슷한 일이 생기기도 한답니다.

라면 스프는 원래의 조리법대로 물이 끓은 뒤에 넣으시고

넣은 즉시 저어주세요.)

두 번째로 기억해두셔야 할 것은

 • 블링블링 스텐이야기

짠 음식의 장기 보관은 피하고,

사용 뒤에는 소금기가 남지 않도록 깨끗이 씻어

보관하는 것입니다.

수개월 이상 보관해야 하는 염분이 많은 음식은

스테인리스보다는 유리 용기에 보관하시는 것이 바람직하고요.

다시 정리하지만, 소금기만 조금 주의하신다면

달리 신경쓰실 것은 없습니다.

스테인리스는 금속 중에서도 반응성이 낮은 금속이고

그렇기 때문에 현존하는 식기 재료 중에서

유리와 더불어 가장 안전한 재질입니다.

우리가 일상에서 접하는 식재료나 요리 방법 때문에

스테인리스가 반응하여 부식될 염려는 없으니

편안히 사용하시면 된답니다. ^^

Q4 스텐이 겉에만 얇게 코팅된 것은 나쁘다던데?
스텐이 벗겨져서 속의 알루미늄이 드러난다고...

A '스테인리스 도금'이 되어있는 냄비나 팬 제품은 없습니다.

무엇보다도 스텐을 알루미늄에 도금하는 것은

과학적으로 불가능합니다.

알루미늄은 700도 이하에서 녹습니다.

스테인리스는 강종에 따라 조금씩 다르지만

보통 1,400도가 넘어야 녹습니다.

낮은 온도에서 녹는 물질 위에 훨씬 더 높은 온도에서

녹는 물질을 덧씌우는 것이 가능하지 않습니다.

그래서 '스테인리스 도금'이란 존재하지 않습니다.

(모르겠습니다. 주방용품 이외의 분야에 그런 게 존재하는지는)

혹시 스테인리스의 녹는점보다 훨씬 높은

2,000도 이상에서 녹는 어떤 금속이나 물질이 있다면,

그 위에 스테인리스를 도금할 수는 있을 겁니다.)

그럼 왜 많은 사람들이 이렇게 잘못 알고 있을까요?

사람들이 '스테인리스 도금'으로 오해하는 것은

대개 '크롬 도금'입니다.

가장 흔히 주변에 보이는 것으로는 욕실이나

주방의 수전이 있습니다.

언뜻 보기에는 스테인리스와 색상과 광택이 똑같아

크롬 도금이라는 걸 모르지만

오래 사용하다 보면 벗겨지면서 거칠거칠해지는

표면을 보신 적이 있을 것입니다.

크롬 도금은 수전뿐 아니라 전자제품의 외장이나

기타 생활용품 등에 적용됩니다.

주로 철이나 알루미늄, 플라스틱의 표면에 도금을 해서

제품을 보기 좋게 하죠.

이처럼 크롬 도금이 우리 생활의 아주 다양한 곳에 쓰이고 있다

보니 스테인리스로 오인되어 '스테인리스 도금'이 존재하는 걸로

잘못 아시는 분이 많은 것 같습니다.

이제부터는 크롬 도금을 스테인리스가 벗겨지는 것으로 오해하지

말아 주세요. ^^

3

뭘 어떻게 사야 할지 모르겠어요
스텐 제품을 고를 때 알고 가면 좋아요~!

스텐
주방용품 구입하기

스텐 주방용품 구입하기

☆뭘 어떻게 사야 할지 모르겠어요.

1. 구입 전에 미리 알아야 하는 사실 하나

스텐 프라이팬이나 냄비를 처음으로

장만하시는 분들의 고민을 압니다.

스텐 제품은 주방용 조리 용기 중 가격대가 높게 형성되어 있는 편이

면서 그 가격대의 폭이 꽤 넓습니다.

저렴한 것을 사자니 싼 게 비지떡이 아닐까 걱정스럽기도 하고

멋져 보이는 고가의 제품에 혹하기는 하지만

과연 그 가격 차이만큼 좋기는 한 걸까 하는 생각도 들게 됩니다.

간혹 주변에서 유명한 고가 제품으로 요리를 했더니

맛이 다르더라는 등의 이야기를 듣고 나면

저렴한 제품으로는 제대로 된 요리를 할 수 없는 것이 아닐까 하는

의구심도 생길 수 있고요.

마음이 이리로 저리로 오락가락하실 것을 잘 알고 있습니다.

모든 고민에 앞서 아셔야 할 중요한 사실 하나를

먼저 가르쳐 드릴게요.

스테인리스 제품은 가격과 음식을 조리하는 기능 사이에

정비례 관계가 성립되지 않습니다.

다시 말해 저가에서 고가에 이르는 수많은 제품들이 요리 도구라는

원초적 기능 부분에 있어 가격만큼의 차이는 나지 않는다는 것입니다.

특정 일부 제품에서만 가능한 요리 따위는 없으며

고가의 제품으로 조리한다고 해서 갑자기 특별한 음식을

할 수 있지도 않습니다.

물론, 좋은 제품과 덜 좋은 제품의 차이는 존재합니다.

지명도가 있는 브랜드면서 제품 사양이 좋고, 가격도 고가에 속한다면

조금 더 부분적으로 편리하거나 효율적일 수 있습니다.

디자인이나 표면 연마 상태, 용접 부위 마무리 등의

세부적인 마감에서 차이가 날 수 있습니다.

여느 공산품들이나 그렇듯이 각 생산 회사마다

역사와 전통이 다르므로 그만큼 다양한 제품이 있을 것입니다.

그렇지만 요리의 맛이나 완성도는

제품에서 오는 차이보다는, 사용자가 얼마나 그 도구를

요령 있게 효율적으로 잘 사용하는가에서 오는 것이 훨씬 큽니다.

요리 도구가 미세한 맛의 차이를 가져올 수는 있겠지만

요리하는 이의 불을 다루는 요령이나 재료의 신선한 정도,

그리고 요리 방법과 솜씨가 훨씬 더 결과물의 맛에 영향을 끼칩니다.

스테인리스 제품의 바른 사용 요령에서

첫째도, 둘째도, 셋째도 가장 중요한 것이 '불의 조절' 인데

많은 사용자들이 불을 지나치게 세게 쓰고 있습니다.

세상엔 센 불에 음식을 태우지 않을 요술 프라이팬도,

불에 올려두기만 해도 음식이 끓어 넘치지도 눌어붙지도 않게 하면서

짠~ 하고 성공적인 요리를 내놓을 요술 냄비도 없습니다.

냄비의 성능보다는 언제나 사용자의 솜씨가 우선이므로

 • 블링블링 스텐이야기

쓰는 이가 사용을 바르게 하지 않으면

남들이 아무리 좋다는 제품도 좋은 것을

전혀 못 느끼고 쓸 수 있습니다.

그러니까, 냄비나 팬을 고르실 때에

브랜드도, 가격도, 디자인도, 구조도, 재질도,

기타 여러 가지 면도 두루두루 보셔야 하겠지만

그보다 훨씬 더 중요한 것은

자주 사용함으로써 내가 선택한 제품에 빨리 익숙해지고

맛있는 음식을 조리하기에 가장 이상적인 시간과 화력을

스스로 찾아내는 것이랍니다.

그래야 요리하는 재미도 있고요.

제품의 특성을 빨리 파악하고 불 조절을 알맞게 하시는 분은

2만 원짜리든 20만 원짜리든 가리지 않고 모두 잘 사용하실 테지만

2만 원짜리를 잘 사용하실 수 없는 분이

어느날 갑자기 20만 원짜리를 쓰신다고 해서

훌륭한 음식을 만들어낼 수 있는 것은 아닙니다.

2. 제품을 고르는 가장 빠른 방법을 알려드립니다.

그렇다면, 고민 시간을 줄이면서도 내 마음에 쏙 들고
자주 사용하게 될 제품을 구입할 수 있는 비법을 알려드리겠습니다.

1. 예산(가격대)을 먼저 정하세요.
2. 예산 안에서 마음에 드는 제품을 두세 가지 고르세요.

  이때 한눈팔면 안 됩니다!! 예산 밖의 제품은 무조건 제쳐두세요.

  예산 초과이지만 꼭 마음에 들었던 제품이 있었다면 6번 단계에서

  구입하시면 됩니다.)

3. 고른 제품들을 가능하면 실물로 보고 후기도 몇 개 찾아 읽어보고

  결정하세요.

  (이 과정을 되도록 짧게 합니다. 너무 오래 끈다면 아무 의미가

  없습니다.)

4. 결정을 하셨다면 단품으로 꼭 필요한 하나만 구입해서 가능한 한

  자주 사용합니다.

5. 쓰다 보면 자신도 몰랐던 자신의 필요와 취향이 뚜렷해집니다.

  구입한 제품이 자신과 얼마나 잘 맞는지 아닌지가 그 판단을

  크게 도와주고요.

6. 이제 추가 구입을 할 수 있는 단계입니다.

당연히, 5번에서 느낀 점을 바탕으로 다음 제품을 고르게 되기

때문에 앞서 구매했던 제품보다는 훨씬 자신에게 잘 맞는 제품을

고를 수 있습니다.

세트 구입은 1~5번의 과정을 한 번쯤 더 거친 후 하시면 좋습니다.

생각을 많이 하지도 무조건 정보만 찾아 헤매지도 마시고

후기만 며칠밤씩 읽지 마시고

무조건 위의 방법에 따라 실행에 옮겨보세요.

제품을 구입하실 때에 가장 먼저 알아야 할 것은 '자신의 필요' 입니다.

내가 필요로 하는 제품을 가장 잘 고를 수 있는 사람은 누구도 아닌

나 자신이고요.

그런데, 자신의 필요나 취향을 자신이 잘 모르고 있는

경우가 많습니다.

그래서 온갖 정보를 모으기만 하시죠.

자신의 필요와 취향을 가장 빨리 알아내는 방법은

열심히 정보를 모으는 것이 아니라,

뭐든 하나라도 우선 사용을 시작해 보는 것입니다.

사용을 해 봐야만 내가 무얼 원하는지

어떤 제품이 나에게 잘 맞는지 알 수 있습니다.

위의 방법은, 바로 거기에 중점을 둔 것입니다.

구입에만 너무 많은 애를 쓰시는 분들을 보면 안타깝습니다.

요술 냄비, 요술 프라이팬은 없으므로

어떤 제품을 쓰느냐보다는 어떻게 쓰느냐가 더 중요합니다.

그걸 깨달았을 때엔 지나간 여러분들의 시간이 아까울 수도 있답니다.

이 글이 여러분들의 제품 구입 고민에 쓰이는 시간을 조금이나마 단축해 드릴 수 있었으면 합니다.

최소한만 갖춘 냄비들을 쓰면서 그 후 조금씩 취향대로 더해 간다면 마음에 쏙 드는 나만의 냄비 세트를 갖출 수 있게 됩니다. 여러 가지 브랜드, 각자 다른 특성을 지닌 다양한 냄비들을 두루두루 써 보는 재미를 꼭 누려보시기 바랍니다. ^^

3. 브랜드도 많고 제품도 많아서 너무 헷갈려요~!

앞에서 방법을 알려드렸음에도,

아마 여전히 많은 분들은 이런 고민을 하실 것 같습니다.

스사모 게시판에 자주 올라오는 구입 관련 질문들을 보면

브랜드를 고르는 것으로 1차 고민을,

한 브랜드 안 여러 제품 라인들 사이에서 2차 고민을 하는

분들이 많으십니다.

심지어는 이런 고민들 때문에 몇 달씩 제품 구입을 못 하시고

스사모에서 밤을 새우며 검색을 거듭하시는 분들도

적지 않으신 것 같아요.

(오~ 제발 그러지 말아 주세요. 쓰기 위해 사는 것일 뿐,

사는 데에 소모하는 너무 많은 에너지 아까워요~)

브랜드만 같으면 다 같은 것인지

아니면 제품마다 전부 다 레벨이 다르고 품질이 다른 것인지

무슨 기능상의 특별한 차이점이라도 있는지

알려고 하면 할수록 더 복잡해지는 기분을 느끼게 됩니다.

이런 분들의 고민을 조금 덜어드리고 싶어서 이 글을 쓰는데요,

결론부터 말씀드리자면, 그렇게 깊은 고민 하지 마시라는 겁니다.

일반적으로 한 브랜드(회사)에서 – 회사의 규모나 방침에 따라

조금씩은 다르지만 제품의 품질 단계별로 몇 가지 라인을 만듭니다.

다양한 고객들의 서로 다른 입맛에 맞추기 위해 사양을 달리해

몇 가지의 기본라인을 생산해서 판매하는 것이 일단 기본이 되니까요.

그런데 시중에는 그 기본보다 훨씬 많은 제품 라인들이 있는 경우가

스테인리스 제품은 주로 보디(본체)와 뚜껑의 두께, 구조, 손잡이의 제

작 방식 등이 원가에 영향을 미치는 굵직한 요소들이라

제품의 사양을 달리해 보았자

수십 가지씩이나 되는 제품이 나올 까닭은 없지만

판매처, 즉 유통 방식이 달라지면 사양이 다른 제품이 필요해집니다.

심지어 연마 방식만 달리해서, 두께만 달리해서,

손잡이만 다른 것을 달아서도 신제품이 쏟아져 나옵니다.

사실은 이러한데 소비자는 그 모든 제품들이 '전부 다른가?' 하고

이유를 찾아내려다 보니 머리가 아파집니다.

사실 제품 가짓수가 많으면 많을수록 괜히 소비자만 헷갈립니다.

전자 제품이나 자동차 같은 복잡한 기계 제품과는 달리

사양이나 기능이 다양해지는 데에 일정 한계가 있는 것이

스테인리스 제품이므로

그 많은 제품들이 전부 기능이 대단히 다르거나

품질의 단계 수만큼의 제품이 존재하지는 않는다는 것을

꼭 기억하세요.

쉬운 예로, 청바지 브랜드들도 수십 년째

똑같아 보이는 청바지들 속에서도 매년, 매시즌

색상이나 질감이나 디자인이나 가격대가 조금씩 다른

신제품을 뽑아내는 이치와 비슷합니다.

타깃으로 삼는 고객층이 다르거나,

유통 과정이 달라질 경우에도 또 다른 제품이 필요해지는 것이고

판매업자로부터 신제품의 주문이 들어오면

억지로라도 새로운 제품명을 만들어 붙여야 하기도 할 것입니다.

그러나 편하고 멋스럽게 혹은 수수하게

남녀노소 가릴 것 없이 입는 대중적인 옷이라는 점에서

그 모든 청바지들에 옷으로서의 기능에

대단히 중요한 차이가 있지 않다는 것을

우리는 잘 알고 있지 않습니까.

스텐 제품들의 차이점과 특징을

정확히 비교해서 구입하고자 한다면

실물들을 눈앞에 주욱 늘어놓고

만져보며 비교해서 사는 수밖에는 없겠지만

현실적으로 어렵다고 봐야겠습니다.

또, 제품을 보는 것만으로

그 차이를 구분할 수 없는 일반 사용자에게는

아무 의미가 없는 일일 겁니다.

더 이상 브랜드와 제품명 사이에서

의미 없는 고민은 오래 하지 마시길 바랍니다.

4. 옆집 엄마가 좋다는 물건이면 OK?

타인의 사용기는 참고만 해야 합니다.

흔히 '사용해보신 분들~ 말씀 좀 해 주세요~' 라고

도움을 많이 요청하시고

관심 있는 제품의 사용 후기는 모두 찾아 읽어야만 한다는

강박관념을 가지신 분들도 간혹 계시는 것 같습니다.

하지만, 잘 생각해 보면

그 모든 제품을 전부 다 사용해본 사람의 객관적인 비교가 아니라면

큰 의미가 없다는 걸 깨닫게 됩니다.

사용감이라는 것이 사람마다 주관적이니까요.

이해를 돕기 위해 단적인 예를 들어본다면

이런 경우가 생길 수 있죠.

다른 사양은 모두 같고 바닥 두께만 다른 프라이팬을 써 본 A와 B가

있다고 가정해 봐요.

바닥 두께가 3.5T인 제품만을 써 본 A라는 사람이

'잘 안 타고 쓰기 좋아요~' 하고 말할 수 있는 반면

바닥 두께가 7T인 제품만을 사용해 본 B라는 사람은

'너무 잘 타고 영 꽝이에요~' 라고도 할 수 있거든요.

3.5T와 7T를 비교하면(만약 한 사람이 두 가지를 다 써 봤다면)

당연히 두꺼운 7T 쪽이 훨씬 덜 탑니다.

그런데 개개인마다 천차만별인 불 쓰는 습관, 집집마다 다른 화력 등

확인해 볼 수 없는 요소 때문에

일부 사용자의 주관적인 평만 보게 되면

사실과 다르게 왜곡되어 있을 수 있다는 겁니다.

먼저 써 보신 분들의 사용 후기가 소용이 없다는 것이 아니라

다른 이의 사용 후기가 객관적이 아닐 수도,

나에게 꼭 똑같이 적용되지 않을 수도 있으니

그 점을 잊지 않고 타인의 후기를 읽는 것이 좋겠다는 의미입니다.

저에게 종종 요청이 들어옵니다.

수많은 제품 중에서 선택을 하기가 힘이 드니

아예 한 제품을 콕 집어주었으면 좋겠다고.

그런데 제가 늘 죄송한 답변만 드리게 되는 이유가

바로 이 때문입니다.

남들보다 좀 더 많은 제품을 직간접적으로 경험해 보았고

재질에서부터 제품 생산, 유통과정까지

일반 사용자보다 많이 알고 있는 저조차도

철저히 객관적이라고 자신을 하지 못하므로

쉽게 권해 드리지 못합니다.

더욱이 제가 타인의 취향과 필요를 다 알 수 없기도 하고요.

결국, 빙빙 돌아 늘 드리던 말씀 드리게 됩니다.

제품 구입에 부디 많은 시간과 에너지를 소모하지 마시고

제가 앞에서 권해 드린 방법대로 꼭 한번 따라 해 보세요.

'2번 제품을 고르는 가장 빠른 방법을 알려드립니다' 에서 말씀드린

방법대로요. ^^

✵스텐 제품을 고를 때 알고 가면 좋아요~!

1.어떤 크기의 제품을 살까?

가정용 냄비로는 16~28cm의 사이즈가 가장 흔히 쓰입니다.

국내 브랜드 5종 세트들을 보면 하나같이 16편수, 18양수, 20양수,

24양수, 24전골로 구성되어 있는 것만 보아도 짐작할 수 있죠.

스텐 프라이팬의 경우 20, 24, 28사이즈가 보편적입니다.

무게 때문에 30 이상의 큰 사이즈는 잘 선택되지 않는 편이고요.

그런데, 요즘에는 12~14 정도의 미니 제품이 주목을 받고 있습니다.

최근 핵가족과 1인 가정이 더욱 많이 늘어난 영향이기도 하고

식구가 여럿이더라도 각자 생활이 다르다 보니

식사를 따로따로 하는 경우가 오히려 많아

작은 사이즈의 조리 용기가 점점 사랑을 받지 않나 합니다.

프라이팬 역시 20 이하 사이즈를 흔히 찾아볼 수 있게 되었고요.

그런데, 냄비나 팬을 16이니 18이니 부르는 것은

제품의 어느 부위를 잰 길이를 말하는 걸까요?

그것은 제품의 가장 윗부분의 내부 지름을 이야기합니다.

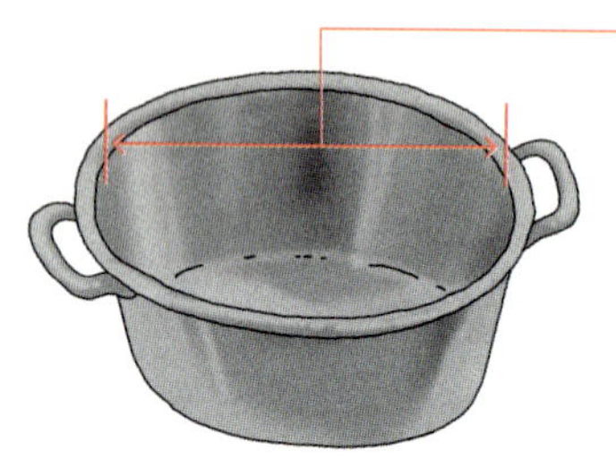

지름 못지 않게 깊이 선택도 중요한데

단 1~2cm라도 깊이가 더 깊은 제품을 선택하면

국물 요리를 할 때에 쉽게 끓어 넘치지 않아 편리하기도 하고

사용의 폭이 좀 더 넓어집니다.

참, 하나 더 기억할 것이 있네요.

평소 자주 쓰던 냄비와 비슷한 용량의 제품을 사러 갈 때에는

눈대중으로 짐작하기보다는 정확히 크기를 재어 가시는 게 좋습니다.

같은 크기도 집에서보다는 넓은 매장에서 볼 때에 작아 보여서

막상 집으로 가져오면 너무 큰 걸 사왔구나 할 수 있거든요.

2. 어떤 모양의 제품을 살까?

보디(냄비 본체)의 모양은 크게 세 가지 정도로 나뉩니다.

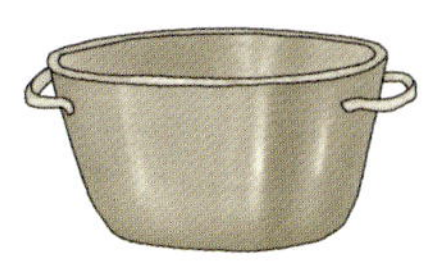

| 스트레이트형 | 벨리형 | 코니칼형 |

모양은 어디까지나 각자 취향에 따른 문제이기는 한데

가장 무난하면서도 유행을 덜 타는 것은

기본형인 스트레이트형이라고 볼 수 있습니다.

반면, 벨리형은 곡선 때문에 부드럽고 여성적인 느낌이 있고

코니칼형도 스트레이트형보다는 율동적인 느낌을 줍니다.

사용에 있어서의 큰 차이는 없지만, 코니칼형의 경우

같은 사이즈의 스트레이트형이나 벨리형에 비해

용량이 약간 작아지게 됩니다.

(사이즈는 윗부분 내부 지름을 기준으로 하기에

바닥면이 살짝 좁은 코니칼형은 용량이 줄어들게 됩니다.)

또 이 세 가지 외에 아예 모양이 다른 '웍(wok)'도 있습니다.

'궁중팬' 이라고도 불리는 깊은 모양의 팬으로

중국식 볶음 요리를 생각할 때 바로 떠오르는 깊이가 있는 팬입니다.

보통, 코니칼형 냄비보다도 더 바닥이 좁아지는 형태이면서

구형에 가까운 옆면 때문에 볶음 요리를 하기에 가장 편합니다.

다만, 바닥이 많이 좁아지는 모양의 웍들은

안정감이 떨어지고 용량에 비해 자리를 많이 차지하며

전기 레인지에서 사용하면 열효율이 상대적으로 떨어지는 단점이 있

으니 미리 고려를 해서 구매를 결정하면 좋을 것입니다.

3. 통다중 제품을 살까, 겹바닥 제품을 살까?

보디(본체)의 구조는 크게 두 가지로 나뉘는데

아직 가스레인지 사용자가 절대적으로 많기에

최근에 몇 년간 국내 사용자들에게 각광 받은 것은

흔히 통삼중, 통오중 등으로 부르는 통다중 제품입니다.

가스레인지에서 장점이 크게 부각되는 특징이 있죠.

반면, 바닥만 삼중으로 된 겹바닥 제품들도 있습니다.

전기레인지를 훨씬 더 많이 사용하는 유럽에서는

대부분 이 겹바닥 제품을 생산하고 사용합니다.

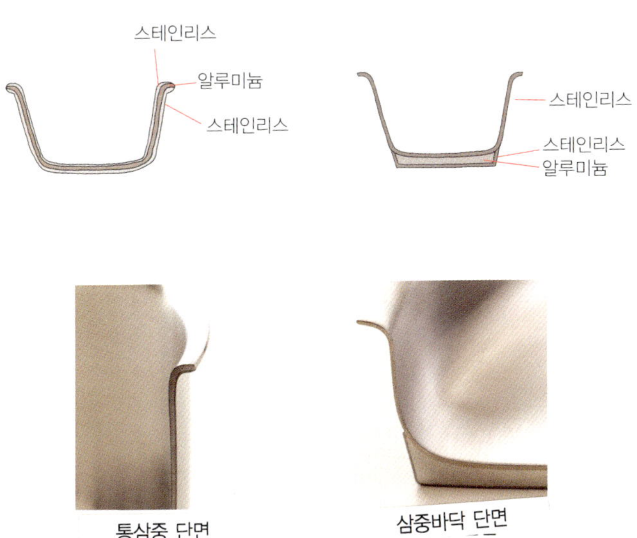

통삼중 단면

삼중바닥 단면

이 두 가지 제품군은 서로의 장단점이 서로 반대가 되는 관계에 있는데 그 관계는 어떤 열원을 사용하느냐가 좌우하게 됩니다.

가스레인지에서는 통다중 제품의 장점이 부각되고,

전기레인지에서는 겹바닥 제품의 장점이 부각됩니다.

	통다중 제품	겹바닥 제품
가스레인지 사용 시	열전도가 좋아 빨리 끓는다. 옆면이 잘 타지 않는다. (장점이 부각됨)	불을 세게 쓰면 옆면이 잘 탄다. 물을 끓여 따를 때 치칙거린다. (단점이 부각됨)
전기레인지 사용 시	바닥 밀착이 덜해 열효율이 덜하다. 때로는 바닥이 불룩해져 빙빙 돈다. (단점이 부각됨)	바닥 밀착이 좋아 열효율이 높다. 드러나는 단점이 거의 없다. (장점이 부각됨)
프라이팬의 경우	예열이 빠르다는 장점이 있다. 반면 상대적으로 예민하다. 프라이팬의 경우 가스레인지 사용 시 바닥 변형이 되는 경우가 많다.	예열에 시간은 약간 더 걸리나 바닥 두께 때문에 덜 예민하고 일단 가열되면 온도의 변화가 적다.

4. 세트로 살까, 낱개로 살까? 양수로 살까, 편수로 살까?

낱개로 구입한 경우 모자랄 때 추가로 구입하면 되지만

세트로 사 놓으면 반드시 손이 잘 안 가는 제품이 생깁니다.

단지 할인된 가격 때문에 세트를 구매할 필요가 없는 까닭입니다.

얼마 후 훨씬 마음에 드는 제품을 발견하고 후회하기도 하고요.
세상에 넓고 멋진 스텐 제품은 많답니다.^^

쓰던 조리 용기를 다 처분하고 전부 새로 마련한다 하더라도
5종 이상을 한꺼번에 구입하는 건 권하고 싶지 않습니다.
세트라 해도 3종 이하의 작은 세트를 구입하시기를 권합니다.

신혼살림을 마련하거나 자취를 위해 홀로 독립하는 경우
냄비 3개에 프라이팬 한 개만 우선 사시는 정도가 적당하고,
사용하면서 자주 불편함을 느끼게 될 때
냄비 한두 개 정도 더하는 방법을 권해드리고 싶어요.

기본 냄비를 세 개 고른다면 대체로
가장 자주 사용할 작은 편수 1개(지름 16-18)와
그와 비슷하거나 조금 큰 양수 1개(지름 18-20),
그리고 국이나 찜 요리를 한꺼번에 많이 할 때 필요한
큰 양수 1개(24) 정도 마련하면 적당하겠습니다.
그 정도면 두세 식구까지는 끼니마다 국 끓이고
반찬 한두 가지 하는 데에는 크게 부족함이 없으니까요.
요리를 할 때에는 편수가 훨씬 편하고,

보관할 때나 식탁 위에 놓을 때에는 양수가 조금 더 편하므로
자신이 어떤 부분을 더 중시하는지를 고려해 선택을 해야 합니다.

중형 이하의 웍이나 프라이팬의 경우에는
확실히 편수 제품이 요리하기에 편합니다.
반면, 보관할 때 조금 더 자리를 차지하니
미리 수납공간을 고려하는 것이 좋겠습니다.

5. 두껍고 무거운 게 무조건 좋은 것?

스텐 제품의 무게는 대부분 두께에 비례합니다.
게다가 이름난 고가의 냄비들은 대부분 두껍고 무겁다 보니
'무거운 게 좋은 거야, 무거운 걸로 사!' 라는 조언들을 많이 합니다.
아예 정설처럼 굳어져 있는 게 사실이기도 하고요.

하지만, 저는 조금 생각이 다릅니다.
고급 제품일수록 두껍게 만드는 경우가 많기는 하지만
무조건 무겁고 두꺼워야 사용자에게 좋은 것은 아닙니다.
물론 너무 얇을 경우 단점이 많고 고급 제품이라 하기 어려우나

용도와 취향에 따라 제품을 선택해야지

무조건 무거운 것을 고르는 것은 좋은 방법이 아닙니다.

비싸고 좋은 제품이라고 사 놓고는 너무 무거워서

거의 안 쓰게 되는 경우를 피하려면요.

특히 팔 힘이 약하거나 팔목 관절이 안 좋은 분들은

내가 매일같이 사용해도 부담스럽지 않을 무게인지를

반드시 미리 가늠해보실 필요가 있습니다.

그리고, 무거운 제품이 오히려 부적합한 경우도 많습니다.

예를 들어 3~4분이면 간단히 완성되는 라면 한 개를 끓이면서

3T 이상의 통다중 냄비나 6T짜리 겹바닥 냄비를 쓸 필요가 있을까요?

물만 끓으면 되는 간단한 요리 정도는

가능한 한 얇은 냄비에 금세 하는 것이

시간이든 에너지든 어떤 면에서 보아도 경제적입니다.

사용자가 감당할 수 있는 적당한 무게와

쓰고자 하는 용도에 맞게 두께가 달라지므로

자신에게 맞게 무게와 두께를 고르는 것이 중요합니다.

남들이 아무리 좋다고 해도 나에게는 예외가 될 가능성이

항상 잠재되어 있다는 점을 잊지 말아야겠습니다.

6. 뚜껑의 무게도 중요하게 고려해야 할까요?

냄비를 살 때에 손잡이며 바닥이며 구석구석까지 잘 살펴보면서
뚜껑은 대충 모양만 보고 지나치는 경우가 많습니다.
하지만, 뚜껑의 두께와 구조도 한번 눈여겨보세요.
생각 외로 뚜껑의 형태와 질이 다양하다는 것을 알게 되실 테니까요.

먼저, 형태를 떠나 너무 얇은 뚜껑은 권하고 싶지 않습니다.
비슷한 가격, 비슷한 구조, 비슷한 디자인일 때에는
뚜껑이 두꺼운 쪽을 선택하시기 바랍니다.
보통 저수분 요리에 비중을 두고 고를 때
스팀홀이 없는 뚜껑을 찾게 되는데,
어쩌면 더 중요할 수도 있는 것이 뚜껑의 두께입니다.
열과 수증기를 보존해주는 역할을 하기 때문입니다.

여기에서 흥미로운 사실이 하나 있는데
사실 뚜껑의 두께가 제품의 질을 대변해주기도 한답니다.

고급 냄비에 아주 얇은 뚜껑을 짝지어주지도 않고

본체는 얇은데 뚜껑만 두꺼운 경우는 더욱 없습니다.

이왕이면 뚜껑이 묵직하다 싶은 것을 선택하는 것이

일정 수준 이상의 제품을 고르는 하나의 요령이 될 수 있습니다. ^^

(단, 두께가 같은 경우 모양이 평평할수록 가볍고

돔 형태를 이루면 무거워집니다.

스텐의 질량이 달라지기 때문이죠.)

7. 뚜껑에 증기 배출구(스팀홀)가 꼭 있어야 안 넘칠까요?

최근 시중에 나와 있는 제품들은 그렇지 않은 경우도 많지만

대부분의 기존 국내 브랜드 냄비에는 스팀홀이 뚫려 있었습니다.

국물 음식이 워낙 많고 불도 굉장히 세게 쓰기 때문에

사용자도 생산자도 스팀홀이 필수적이라고 생각하는 것 같습니다.

대조적으로 수입 냄비에는 뚜껑에 구멍이 없는 경우가 더 많습니다.

최근에는 국산 제품에도 구멍이 없이 나오는 제품이 많아졌고요.

이는 서양과 우리의 음식 문화가 다른 데서 이유를 찾을 수도 있으나

최근 국산 제품들의 뚜껑이 두꺼워졌기 때문이기도 합니다.

얇은 뚜껑들은 증기 배출구가 없을 경우
음식이 끓으면 바로 달그락거리기 때문에
어쩔 수 없이 구멍을 내어 만들게 됩니다.
기존 국산 냄비들은 대개 옆면이 얇은 겹바닥 제품이고
뚜껑도 0.6T 이하의 얇은 것이 대부분이었기에
스팀홀을 뚫지 않을 수 없었을 것입니다.

그런데, 스팀홀만 있으면 안 넘칠까요?
아닙니다, 스팀홀이 있는 냄비도 넘칩니다.
스팀홀이 없는 냄비보다 한 박자 늦게 넘칠 뿐이죠.

불을 줄이지 않으면, 처음에는 구멍을 통해 증기가 나오지만
더 심하게 끓으면 결국 넘치게 됩니다.
스팀홀 만으로 넘치는 것을 다 막을 수 없고
뚜껑을 비스듬히 열어두거나 불을 줄여야 합니다.

간과하기 쉬운 중요한 점은,
사실 그렇게 끓어 넘칠 만큼 불을 세게 쓸 필요가 없다는 것입니다.

불에 올려 끓기까지는 좀 강한 불에 두는 것이 시간 절약이 됩니다.

하지만, 일단 끓기 시작하면 불을 줄여도 계속 잘 끓습니다.

끓기 시작했는데도 불을 줄이지 않으면,

스팀홀이 있든 없든 그 음식은 결국 넘칩니다.

얼마나 빨리 혹은 늦게 넘치느냐의 문제일 뿐이죠.

거꾸로 말해 스팀홀이 없어도 불만 줄이면 결코 넘치지 않습니다.

스팀홀이 없는 냄비의 장점도 있습니다.

스팀홀이 없는 냄비는 뚜껑만 덮어 두면

상당히 약한 불로도 내부는 계속 끓기 때문에

일차적으로는 연료 절약에 도움이 될 수 있고,

저수분 요리를 하기에도 좋은 조건이라고 볼 수 있습니다.

어떤 냄비 뚜껑에는 스팀홀을 여닫을 수 있는 장치가 있습니다.

선택이 가능하다는 점에서 가장 편리한 것 같기도 합니다만,

단순한 생김새의 뚜껑보다 닦기가 불편하다는 단점도

동시에 갖게 됩니다.

장점을 하나 취하려면, 반드시 단점도 따라오는 진리가 적용됩니다.

어떤 것을 선택할지는 각자의 몫이고요. ^^

8. 뚜껑을 고를 때 또 뭘 보아야 할까요?
   유리뚜껑은 안이 보여 좋을 것도 같은데……

뚜껑의 모양은 다양하지만 기능적으로는 크게 상관이 없고
오히려 수납할 때에 영향을 미칩니다.

뚜껑을 뒤집은 면이 본체에 얹힌 상태에서 수평을 이루면
안정감 있게 냄비를 쌓아 올릴 수가 있어서 수납에 유리합니다.
수납 편의성을 중요시하는 분이라면 냄비를 고르실 때
뚜껑을 꼭 한번 뒤집어 놓아 보실 것을 권합니다.

참, 그리고 보니 유리뚜껑도 있군요.
주로 스텐 뚜껑에 대해 이야기하다 지나치려 했네요. ^^
유리뚜껑을 주로 사용해 오신 분들은 아마도
들여다보이는 장점을 높이 샀기 때문이리라 추측됩니다.
네, 냄비 안쪽이 어느 정도 상태인지, 끓고 있는지
뚜껑을 열지 않고도 관찰이 가능하다는 분명한 장점이 있지요.

반면, 유리의 경우 테두리를 대개 스텐으로 감싼 형태라서
끈적한 양념이나 기름진 음식물을 조리하고 나면

유리와 테두리 사이에 낀 이물질을 닦기가 불편할 수 있습니다.

또, 강화유리든, 내열유리든 깨질 가능성은 여전히 남아있으니

스텐 뚜껑보다는 조금 조심스럽게 다뤄야 하기도 하고요.

그리고 유리뚜껑은 돔형인 경우가 많아서 수납에 불리한 편입니다.

이런 장단점을 고려해서 어떤 것을 택할 것인지

역시 자신의 취향과 필요를 고려한 판단과 선택이 필요하겠습니다.

9. 손잡이는 그냥 디자인으로만 보면 될지?
　어떻게 골라야 할지?

우선 재질로 분류를 해 보면

본체와 같은 스텐 재질 손잡이와

플라스틱 손잡이로 크게 나눌 수 있습니다.

한눈에 들어오는 디자인에서 차이가 나므로

우선 취향의 문제지만 물론 각각 장단점이 있습니다.

스텐 손잡이는 견고하며 열에 녹거나 타지 않습니다.

냄비 AS의 거의 대부분을 차지하는 손잡이 교체를 할 일이 없으니

수명을 다할 때까지 신경 쓰지 않아도 된다는 장점이 있습니다.

반면 열전도가 잘 되어 플라스틱 손잡이보다는 빨리 뜨거워집니다.

플라스틱 손잡이가 달린 냄비는 상대적으로 가볍습니다.

또한 손에 편안하게 맞는 모양으로 만들기가 스텐 보다는 쉽기에

다양한 형태의 제작이 용이해서 잡고 들 때의 느낌이 편합니다.

무거운 것을 기피하시는 분들께 권하기에 적합하겠죠.

스텐보다는 덜 뜨거워지는 장점도 있고요.

그러나 플라스틱은 열에 약하다는 결정적인 단점을 갖고 있습니다.

AS를 받기가 번거롭거나 어렵지는 않은지

미리 알아두는 것이 좋습니다.

주의해서 쓴다고 해도 한 번쯤은 교체할 수 있다고 봐야 하니까요.

손잡이를 본체나 뚜껑에 연결하는 방법에는 두 가지가 있습니다.

하나는 손잡이와 몸통을 용접으로 붙이는 방식이며,

다른 하나는 리벳(못)을 사용하여 손잡이와 몸통을 연결하는 방식입니다.

용접 방식은 냄비 안쪽이 매끈해 세척이 쉽다는 장점이 있습니다.

리벳(못) 방식은 용접보다는 튼튼하다는 장점이 있는 대신

안쪽에 노출된 리벳의 틈새에 이물질이 끼는 단점도 있습니다.

보통 겹바닥 제품에는 용접으로 손잡이를 부착하고
통다중 제품에는 리벳으로 연결하는 방식을 많이 채택하지만
리벳 세척의 불편함을 피하려는 사용자들이 다수여서
통다중이면서도 용접으로 손잡이를 단 제품들이 많이 나와 있습니다.

10. 스텐 손잡이는 뜨거워지지 않을까요?

편수의 긴 손잡이가 아닌 양수 손잡이나 놉(뚜껑의 손잡이)은
요리 시간이 아주 짧은 경우를 제외하고 곧 뜨거워집니다.
하지만 긴 편수 손잡이는 장시간 요리해도 잘 뜨거워지지 않습니다.

간혹 '이건 안 뜨거운 손잡이에요' 라며 파는 제품도 있는데
절대로 뜨거워지지 않는 손잡이는 세상에 없습니다.
플라스틱 손잡이를 녹거나 타게끔 냄비를 쓰시는 분이라면
스텐 손잡이는 당연히 아주 많이 뜨거워집니다.
절대 맨손으로는 잡을 수 없습니다. ^^;
손잡이가 어떤 재질로 되어 있든

불꽃의 크기는 항상 냄비 바닥을 벗어나지 않아야 합니다

그러나, 오랫동안 계속 불 위에 올려둔다면
결국 열이 손잡이까지 전달되기 때문에
어느 정도 뜨거워질 것은 예상하셔야 합니다.
특히 놉은 더 빨리 뜨거워집니다.
그래서 손잡이가 긴 편수 제품이 아니라면
주방 장갑을 가까이에 두고 사용하시는 것이 안전합니다.
절연 처리가 되어있더라도 장시간 사용하면 뜨거워집니다.
긴 조리 시간 때문에 뜨거워지는 것은 막을 수가 없습니다.

11. 거울처럼 반짝이는 표면과 광이 없는 표면,
어떤 것을 골라야 하나요?

제품 생산의 마무리 작업인 표면의 유/무광 처리는
제품의 기본적인 성능과는 관련이 없습니다.

거울같이 매끄럽게 반짝이는 표면을 선택할 것인가
은은한 광택을 내는 은색의 표면을 선택할 것인가는

하나의 디자인으로 보고 취향대로 해도 무리가 없다고 봅니다.

다만, 유광과 무광 사이의 자잘한 차이점을 굳이 따져보면
의외로 이야깃거리가 좀 있는데요~

유광인 경우 처음 광택은 눈이 부실 정도지만
잔 흠집도 쉽게 눈에 띄어 신경이 쓰일 수 있습니다.
아무래도 스크래치가 쉽게 나기 때문에
철 수세미나 연마제가 든 세정제 사용에도 제한이 있고요.
오래 사용하다 보면 잔 스크래치 자체가 자연스런
세월의 흔적이 되지만
새것일 때에는 꽤 신경이 쓰이는 것이 사실입니다.

반면 무광 제품을 구입하시려는 분들 중 예민한 분들은
연마의 품질을 좀 세심하게 보실 필요가 있습니다.
무광이라고 다 같은 무광이 아니고 여러 종류와 품질이 있는데
연마가 덜 정교하고 거친 경우 갈변이 더 잘 생기는 경향이 있습니다.
무광 제품을 선택할 때에는 결이 고르고 촘촘한지를 확인해 보세요.

이처럼 표면처리는 냄비의 기능과는 무관하지만

예민한 사용자들의 경우 사용상의 불편으로 느낄 수도 있고

세척이 아주 말끔하게 되지 않아 재질에 대한 의심으로

이어지기도 합니다.

연마 품질이 좋지 않아 쉽게 갈변되는 무광 제품을 경험하고 나면

결이 없는 유광 제품을 선호하게 되기도 합니다.

12. 도대체 얼마짜리의 제품을 선택해야 할지
모르겠어요.

누구나 구매 결정 직전에 최종적으로 고민하는 문제는

뭐니뭐니해도 가격이 아닐까 싶습니다.

우선, 제품의 재질과 구조는 가격에 큰 영향을 미치지 않습니다.

브랜드가 다르다고 원자재의 가격에 차이가 나지는 않습니다.

다른 공산품에 비해 스텐 제품의 원자재 가격 비중이 높긴 하지만

유통 구조가 가격에 끼치는 영향에 비한다면 큰 부분은 아닙니다.

의료 기기를 만드는 스텐이라서,

무공해 건강 스텐이라서,

혹은 어느 나라에서 생산하는 고급 스텐이라서...식의 설명은

높게 매긴 판매 가격을 소비자에게 이해시키기 위한 미사여구
또는 부풀려진 과장 광고 정도로 여기시면 됩니다.

가격 차이의 주원인은 유통 마진과 판매 방식 때문입니다.
수입품인 경우 당연히 유통 마진과 물류 비용이 많이 발생합니다.
우리나라의 경우 시장 자체가 작은데다 유행도 너무 빨리 바뀌어
같은 수입품이더라도 주변 국가에 비해 더 비싼 편이기도 하고요.
또, 똑같은 상품일지라도 판매처가 달라지면
수수료 때문에 가격이 더 높아지기도 합니다.

아무리 품질이 좋고 아무리 유통을 감안한다고 해도
도저히 냄비의 가격으로는 이해되지 않는 가격대라면
유통 과정에 비정상적인 거품이 있는 걸로 판단할 수 있습니다.
주로 판매원의 수당이 제품 가격의 큰 부분을 차지하는
다단계 업체 제품들에서 볼 수 있는 현상이기도 합니다.

✶수많은 독일 브랜드, 다 믿어도 되는 걸까요?

이 이야기는 오해의 소지가 있을 수도 있고 복잡한 이야기인데요...

저의 '임시 저장된 글' 목록에는

완성되지 않은 관련 글들이 여러 개 남아있습니다.

쓰다가, 중간에 많은 고민 끝에 포기했던 이야기들이죠.

여러분들보다 다양하고 직접적인 경험을 통해 알게 된 이야기들

사실 업계 내에서는 '다 알고 있는 비밀' 과도 같은 이야기들을

이 글에서 맘 잡고 조금 들려드리도록 할게요.

하지만, 위에 말씀 드렸다시피 잘못 받아들이시면

엉뚱하게 오해하실 수도 있고

제가 사석에서처럼 진짜 확실히 터놓고 이야기할 수 없는

부분이 여전히 많으니

그런 것까지 감안하셔서 찰떡같이 이해해주시면 감사하겠습니다. ^^

그리고, 제가 들려드리는 이야기는 오직
스테인리스 주방용품에만 국한됨을 미리 말씀 드립니다.

비슷한 상황이 스테인리스 이외의 제품에 적용되는
경우도 있을 수 있겠으나
제 전문 분야는 스테인리스이고
제 경험 역시 스테인리스 제품에 한정되므로
제가 아는 사실만을 정확히 이야기하기 위함입니다.

우선 '수많은 독일 브랜드, 다 믿어도 되는 걸까요?
질문에 대한 저의 답입니다.

'수많은 독일(혹은 또 비슷한 수준의 유럽 선진국) 브랜드들,
다 믿으시면 안 됩니다!'
(끝까지 읽어보시면 아시겠지만
'메이드 인 저머니'에 국한된 이야기가 아닙니다.
'메이드 인 코리아'만 강조하는 제품도 마찬가지입니다.
결국 '메이드 인 어디어디'는 의미가 없습니다.)
사실, 제 글들을 예전부터 읽어오셨던 분이라면,
이건 전혀 새로운 이야기가 아닐 겁니다.

저는 스사모 맨 처음 시작할 때부터

'브랜드나 원산지를 보지 말고, 제품 자체를 보시라'고

수도 없이 말씀 드렸습니다.

결론은 아주 간단합니다만,

이에 대해 자세히 풀면 굉장히 복잡한 이야기가 숨어있습니다.

하지만, 너무 복잡하게 쓰면 오히려 혼란만 드릴 수 있어서

가능한 한 축약해서(그래도 많이 길어지겠지만)

아래에 정리해 보겠습니다.

1. 최악의 경우입니다.

제일 나쁜 경우입니다.

수십 년 혹은 백 년 이상의 역사가 있다는

독일(로 대표되는 유럽 선진국) 출신이라는 브랜드들 중 일부는

실제로는 스테인리스 제품은 전혀 생산해 오지 않았던

'사실상 유령 브랜드' 들이 섞여 있습니다.

유령 브랜드 중 정말 최악의 케이스들을 몇 가지 말씀 드리자면,

스텐 제품에 대해서는 아무 것도 모르는 그냥 '유통업자' 들이

'독일산' 이라면 껌벅 죽는 소비자들의 입맛에 맞추기 위해

'독일말로 된 브랜드' 를 하나 사 오는 겁니다.

그 브랜드를 파는 사람들 역시

그런 '브랜드 사냥꾼' 들과 이해관계가 맞아

심지어는, 독일인도 아닌 사람이(주변 국가 출신)

독일 땅에서 브랜드 하나 등록해 놓고 장사한 케이스도 있었고요.

심지어 암비엔떼(제가 매년 구경하러 가는, 2월마다 독일 프랑크푸르트에서 열리는 세계 최대 소비재 박람회)에 아주 그럴듯한 전시관을

차려 놓고 진짜 역사가 있는 브랜드인 양 선전을 하고 있기도 합니다.

그중 또 일부는,

우리나라 내에서 아주 다양한 경로를 통해 판매가 됩니다.

엄연히 '독일의 대단히 긴 역사가 있는~' 이란 수식어를 앞에

붙이고 말이죠.

이 이야기는 이어지는 2번에서 다시 한 번 나올 겁니다.

2. 최악의 경우 말고도,
   복잡한 여러 가지 경우들이 있습니다.
   OEM과 ODM을 구분할 줄 알아야 합니다.

1번과 같은 케이스들이 소비자들에게 어필이 되는 이유는...
최근 대부분의 브랜드들이 독일(혹은 유럽) 외의 땅에서
공장을 운영하거나 혹은 OEM/ODM 방식으로 생산하고 있어서
이제는 브랜드가 귀속된 나라에서 직접 생산되는 경우보다는,
그 외의 국가에서 생산하는 경우가 오히려 훨씬 많아졌기
때문이기도 합니다.
소비자들로서는 구분이 어려운 것이 당연하고요.

여기에서 중요한 부분은
OEM과 ODM을 구분할 줄 아셔야 한다는 것입니다.

보통 유명브랜드가 단순히 하청회사에 생산을 맡기는
OEM(OEM : 주문자 상표부착 방식)인 줄로 알고 있지만
들여다보면 그렇지 않은 경우가 아주 흔하기 때문입니다

'브랜드 장사' 가 아닌 제대로 된 OEM 제품은 이런 겁니다.

실제로 스테인리스 생산의 역사를 가진 유명 브랜드 A가

있습니다.

A는 제품을 직접 기획하고 디자인하여 생산을

외국(대표적으로 중국 등이겠죠) 공장에 맡깁니다.

그 공장은 A가 요구하는 모든 조건을 충족시킬 수 있는 대단히

실력 있는 공장이어야 합니다.

품질, 제품 사양, 포장 하나, 문구 하나 모든 것을 A가 관리합니다.

이렇게 브랜드가 직접 디자인하고 품질관리까지 하는 제품은

자신들이 직접 생산해내는 것과 똑같은 수준이 되겠지요.

그런데, ODM(제조자 개발 생산)이라고 불리는

브랜드 A가 직접 품질관리를 하지 않는 생산방식이 있습니다.

(이런 경우는 비단 외국 유명브랜드뿐 아니라,

국내 브랜드들에도 아주 흔한 경우입니다.

아니, 국산품은 오히려 더합니다.

국내 공장의 현실이 거의 잔재만 남아있는 정도인지라

브랜드가 자체 공장에서 직접 제품을 생산하는 경우는

매우 드물기 때문입니다.

생산 공장의 실력 여부는 차치하고서 말입니다.)

이를테면, B라고 하는 한국의 어떤 유통회사가 자기네들
마음대로 제품을 만들고 A에게 로열티만 내는 경우입니다.

이 때에 A는 B가 만드는 제품의 품질이 어떠한지,
디자인이 어떠한지 전혀 상관하지 않는 경우가 있을 수 있습니다.
(사실상 꽤 있습니다.)
이것은 사실상 A의 생산품으로 보기에 어렵고
OEM이라는 표현은 틀린 것이며 ODM으로 불려야 합니다.
B회사가 유통하는 제품은 A의 생산 경험이나 역사와는 전혀
무관한 제품이기 때문이죠.

그런데 이보다 더 나쁜 경우가
바로 앞에서 설명 드렸던 1번의 경우입니다.
생산역사와 노하우가 있는 브랜드
A의 기술대로 생산하는 것과 전혀 상관 없이
단지 유통만 하는 회사가 아무 공장이나 잡아 물건을 만들고
'역사 깊은 모모 브랜드', '유럽 스타일'로 홍보를 해서
비하인드 스토리를 모르는 소비자들을 호도하는 경우죠.
소비자들로서는 사실상 구분할 방법이 없습니다.

3. 유명 브랜드 생산했었다~
라는 말도 액면 그대로 받아들이시면 안 됩니다.

국내의 수많은 공장들이나 브랜드들이 쉽게들 말합니다.

독일 유명 브랜드 뭐뭐뭐 생산한 노하우를 갖고 있다고요.

이런 이야기 참 흔하게 들어보셨죠.

너무 흔한 이야기라고, 이상하다는 생각해 보신 적 없으신지요. ^^

왜 그런 이야기가 그렇게 흔할까요, 그 이유를 알려드릴게요.

지금으로부터 30년쯤 전이 우리나라 스테인리스 주방용품 생산의

전성기였습니다.

냄비도 냄비지만, 스테인리스 양식기(스푼, 포크, 나이프 등 커트러리

류요) 같은 경우는 전세계 양식기를 한국이 다 생산했다고 해도

과언이 아니었을 정도였습니다.

(한국철강협회에서 발간한 자료를 보고 제가

직접 확인한 내용이랍니다.)

네, 수십년 전에 우리나라 공장을 거쳐가지 않은

유럽 유명 브랜드들은 하나도 없을 정도입니다.

지금도, 거의 다 무너져가는 분위기의 움막 같은 변두리 스텐 공장을

찾아가도 독일 브랜드 금형이나 옛날에 생산해 놓은 볼 따위가 굴러다

니는 경우도 있거든요.
(이것 역시 제가 직접 확인한 일입니다.)

그러나, '지금 현재' 유명 브랜드 제품을 실제로 활발히 OEM하고 있는 경우는 그렇게 선전하는 업체의 10% 정도밖에는 없을 걸로 추정이 됩니다.

그리고 무엇보다도, 그 전성기 시절의 숙련공들이 지금 없습니다.
그 전성기 시절의 기계들도 모두 오래 전에 팔려나갔고요.
그냥, 그런 추억이 있을 뿐인 거죠.
그러므로, 유명 브랜드 OEM 생산했다는 말은 그냥...
그 공장에 한 때 그런 시절이 있었다는 말을 부풀린 경우가 많습니다.

아직도 물론, 일부 제품은 우리나라에서 생산해서 유럽으로
납품하는 경우들이 있습니다.
그러나, 그게 실제로 활발하게 OEM 주문을 받아서
지속적으로 납품을 하고 있는 것인지
아니면 옛날 한때 그런 시절이 있었다는 것인지...
결코 소비자들로서는 구분하실 수 없겠지요.
그 공장이나 업체의 생산현황까지 업계 외부에서

일반인이 알 방법은 거의 없으니까요.

4. 제 설명을 읽으시고
혹시 이런 의문 생기신 분 없으신가요?

'설명은 알겠는데요, 그런데

그런 제품이 꼭 품질이 나쁘기만 한 건가요?

역사는 없는 브랜드이지만,

진짜 브랜드가 직접 생산한 제품은 아니지만

만드는 사람들이 잘 만들면 제품은 좋을 수도 있는 게 아닐까요?'

라는 의문 말입니다.

네, 틀리지 않는 말씀입니다.

브랜드에 얽힌 우여곡절이 어찌됐든 물건을 제대로 만들지

못하라는 법은 없을 겁니다.

역사 없는 가짜 브랜드를 붙여도 제대로 잘 만드는

공장에 생산을 의뢰해서 자본을 아낌없이 투자해서

결과적으로 제품만큼은 정말 좋은 제품을 만들 수도 있겠지요.

만들 '수' 있다는 가능성이 있는 것은 사실입니다만
실제 현실 상황에서 그런 일이 일어나기는 쉽지 않으리라는
짐작은 할 수 있습니다.

스테인리스 제품은, 개발비가 엄청나게 드는 제품군에 속합니다.
노동집약적인 상품이기도 하지만,
동시에 자본집약적(이런 표현 있는지 모르겠습니다만)이기도 합니다.
그리고 일정 시설을 갖추지 않고서는
품질이 나오지 않는 '장비 산업' 입니다.

제가 스사모 제품 개발할 때마다 자주 말씀드리지만...
소비자가 보기에 '요것만 요렇게 살짝 바꾸면 될 텐데...' 라고
생각되는 일이 실제로 그렇게 하려면 수천만 원,
수억 원대의 돈이 들어가는 경우가 다반사거든요.

일정 정도 이상의 품질을 생산해낼 수 있는 공장을 찾는 것
자체가 쉬운 일이 아니고요.
공장만 있어서 되는 일이 아니라,
그런 수준을 생산해낼 수 있는 '장비' 와 '경험에서 나온 노하우' 까지
모든 것을 갖춘 공장을 찾아야만 소비자들이 만족할만한

품질의 제품이 비로소 탄생이 된답니다.

(스사모 회원들을 만족시키기는 일반 소비자들보다

또 몇 배 어렵기도 하고요)

그래서 현실적으로 '브랜드 장사'를 하는 유통업체가

진짜로 좋은 품질의 제품을 만들 가능성은 높지 않은 게 사실입니다.

우연히, 운이 좋아 좋은 공장에서 생산할 수 있겠죠.

그러나 좋은 공장에서 만드는 제품은 그만큼 가격이 높습니다.

'브랜드 장사'를 하면서 그렇게 생산 단가가 높은 제품을

유통하기가 쉽지 않은 일입니다.

더욱 근본적인 문제는,

단지 브랜드 장사만 하는 경우,

그 유통업체는 스테인리스 제품에 대해서 잘 모르는

경우가 다반사입니다.

스텐 제품은 공부를 해도 해도 끝이 없거든요.

제가 스사모 운영 이전 1년 반, 운영 이후 7년 반...

9년을 꼬박 스텐 공부를 한 셈인데 아직도 배우고 있는 중입니다.

5. 진짜 결론을 다시 말씀드리겠습니다.

브랜드, 생산 국가, 가격...
의미 없는 경우가 아주 많습니다.

우리나라에서만 최고 명품 취급을 받는 희한한 경우도 있습니다.
(우리나라 소비자들이 호구로 보이는 것 같아 제가 기분 나쁩니다.
좋은 제품이지만, 그것만이 최고는 아닌데...
유독 독보적으로 추앙을 받는 제품들...
블라인드 테스트라도 스사모 차원에서 해 보고 싶은
마음이 들기도 한답니다.)

그리고 이 글은 '메이드 인 저머니' 에만 한정된 이야기가 아닙니다.

독일 유명브랜드라는 사실 하나에만 현혹되지 말아야 함은 물론이요
'메이드 인 코리아' 만을 강조하는 국산 제품을
애국심이나 희생정신(?)으로 구입하실 일도 아닙니다.
브랜드와 원산지를 떠나...
소비자는 좋은 물건을 합리적인 가격에 쓸 권리가 있습니다.

6. 결국......!!!!!!!!!!!!!!!!!
소비자들이 제품 자체를 보고 판단해야 합니다.

제품만 보시면 됩니다.

그럼 브랜드나 원산지, 가격 등에 흔들리실 이유가 없습니다.

또한, 나에게 필요한 제품을 찾으셔야 합니다.

남이 좋다는 물건, 나에게 소용없을 수도 있습니다.

모든 사람들이 좋다고 칭찬을 해도

나의 취향이나 쓰임새에 맞지 않을 수 있습니다.

저의 결론은 항상 여기입니다.

4

스텐팬에 대한 오해와 진실
쓰기 전에 – 첫 세척과 기본 주의 사항
스텐팬 예열하기
설거지와 관리

스텐
주방용품 사용하기

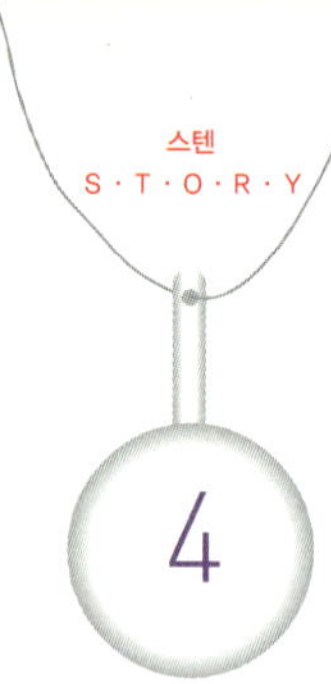

스텐 주방용품 사용하기

✿스텐에 대한 오해와 진실

스텐 프라이팬에 대한 다섯 가지 오해

(여러 차례의 시연회를 통해 사용자들을 만난 후에 쓴 글)

최근에 스텐 프라이팬 사용자들을 만날 기회가 연달아 있어서
생생하고도 다양한 의견을 들을 수 있었답니다.
글로만 설명 드리던 저나,

제 글만 보시고 시도해 보시던 여러분들이나

각자 코끼리 엉덩이랑 귀 만지면서 딴 얘기 하고

있었다는 느낌도 없지 않았고요 ^^

또, 몇 가지 오해(?) 들도 발견했습니다.

오랜만에 좀 정리해보아야 할 필요성을 느낍니다.

1. 스텐 프라이팬에 대한 첫 번째 엄청난 오해 –
스텐 프라이팬은 길을 들여서 써야 한다

아무리 목 아프게 외쳐도 아직까지도

스텐 프라이팬을 길들이려 애쓰시는 분들이 많습니다.

스사모에도 항상 올라옵니다. '처음에 어떻게 길들이죠?' 하는 질문. ^^

스텐팬은 길들이는 방법도 필요도 없으며 길이 들여지지도 않는

길들이는 것과는 털끝만큼의 관련도 없는 물건입니다.

그걸 증명하기 위해 일부러 시연회에서

새 프라이팬에다가 달걀 프라이를 해서 보여 드린 적도 있었답니다.

저도 몰랐을 땐 이런저런 말을 듣고 온갖 짓을 다 해 보았어요. ^^;

기름 발라 태운 후에 소금으로 닦아보지를 않았나

우유며 식초며 넣고 끓여보지를 않았나

당시의 제 프라이팬은 저 때문에 산전수전 다 겪었었죠. ㅎㅎ

길들인다고 태운 프라이팬 닦느라고 손목만 아팠던 기억이 납니다.

스텐 프라이팬은 길들이는 것이 아닙니다. ^^

그냥 예열만 잘하시면 된답니다.

2. 스텐 프라이팬에 대한 두 번째 오해 –
기름을 많이 먹는다

아직 예열에 익숙해지기 전 단계에서 많이 경험하는 일입니다.

달라붙는 것을 어떻게든 막기 위해 기름을 많이 쓰게 되지요.

예열만 잘 되어 있다면 결코 기름이 많이 필요하지 않습니다.

설사 기름을 많이 넣더라도 음식을 하고 난 뒤에

팬에 고스란히 남고요.

음식에 흡수가 많이 되지 않음을 보여주지요.

기름을 철철 넘치게 넣어야만 붙지 않는다면

아직 예열 방법을 제대로는 알지 못한 단계입니다.

점점 자신만의 예열 방법을 찾아가면서

이 문제는 저절로 해결될 것입니다.

기름을 적게 써도 요리가 잘 되고

팬 자체가 기름을 먹지 않기 때문에 또한 더 담백한 요리가 됩니다.

코팅팬에서 늘 먹던 기름 맛 달걀 프라이와

스텐팬으로 해낸 깔끔한 달걀 프라이 맛의 차이를

꼭 한 번 느껴보시길 바랍니다. ^^

3. 스텐 프라이팬에 대한 세 번째 오해 – 세척이 어렵다

음식은 잘 되는데 닦기가 어렵다는 말씀들 많이 하십니다.

저도 물론 초반에는 여러분들과 아주 똑같았습니다. ^^

쓸 때마다 갈색으로 변하는 팬 가장자리의 기름때를 닦느라

요리하기가 두려워지는 마음을 느껴보지 않은 사용자는 없을 겁니다.

그런데, 여러분 재미있는 사실 하나 알려드릴게요.

세척이 쉬워지는 방법은 다름 아닌 예열을 잘하는 것입니다.

요리를 하고 나서 뭔가 힘들여 닦을 거리가 많이 남았다면

그건, 예열을 제대로 하지 않았다는 것을 증명합니다.

예열을 정확하게 해서 요리를 하고 나면 닦을 것도 없어지거든요.

어느 날부턴가 문득,

사용 후에도 깨끗한 프라이팬을 발견하고 난 뒤의 깨달음

"아... 잉여열이 정말 많았었구나 !!"

과열만 없다면 부침개 열 장을 신 나게 연달아 부쳐도 깨끗합니다.

눌어붙지 않도록, 남는 열이 생기지 않도록 쓰는 것이야말로

프라이팬을 세척을 쉽게 하는 가장 첫 번째의 해결책입니다.

그런데, 눌어붙었을 경우에도 꼭 세척을 팔 아프게

할 필요는 없습니다.

급히 닦아야 할 이유가 없다면, 일단 물을 담아 놔 둬보세요.

저는 후딱후딱 안 해치우는 게으름뱅이라^^;;

반나절쯤 잘 그렇게 잘 놔두거든요.

프라이팬뿐 아니라 각종 양념이 묻은 냄비들도 마찬가지예요.

불리면 웬만한 건 그물수세미로 다 닦인답니다.

물과 시간의 힘을 최대한 활용하면 세척이 쉬워집니다.

딱 필요한 만큼의 불로 요리를 하게 되면

스텐 세정제나 철 수세미를 꼭 써야 하는 경우는 자주 생기지 않고요. ^^

4. 스텐 프라이팬에 대한 네 번째 오해 –
　　약한 불로만 써야 한다

제 글 중에 약불을 강조한 부분이 특히 많았습니다.

약불을 강조한 이유는 워낙 센 불만 쓰는 분들이 많아서이지

시종일관 약불로 요리하시라는 뜻은 아닙니다.

프라이팬이 예열되어 음식을 넣을 때부터는 어디까지나

'그 음식에 맞는 불의 세기'로 조절하셔야 합니다.

밀전병이나 지단 같이 얇고 곱게 부치는 음식은 약불로,

달걀말이라면 그보다는 조금 더 센 불로,

두부부침은 수분이 많아 약불에는 물만 질질 흐르므로 조금 센 불로,

바삭한 부침개를 원한다면 기름을 넉넉히 넣되 역시 좀 센 불로

생선처럼 겉면을 바삭하게 빨리 구워줘야 하는 경우에도 센 불로

이처럼, 재료에 따라 시작하는 불의 세기가 우선 전부 달라집니다.

스텐팬을 쓰기 전을 한 번 기억해보세요.

재료를 넣을 땐 보통 불을 강하게 했다가

(재료가 들어가면 팬의 온도가 낮아지므로)

익으면서 온도가 올라가면 불을 조금 낮춥니다.

그래서 요리하는 동안 불 조절을 조금씩 하게 되죠.

부침개를 연달아 여러 장 부친다면

새 반죽을 넣고, 익히고, 뒤집고 꺼내고 다시 새 반죽을 넣는

반복되는 과정 속에서 끊임없이 불을 키웠다 줄였다 하게 됩니다.

스텐팬에서도 똑같습니다.

따로 말씀드려야 할 필요가 없는 당연한 불조절인데

스텐팬을 쓰게 되면 다들 잊으시는 것 같아요. ^^;

만약 처음부터 끝까지 약불로만 전을 부치고 두부를 굽는다면

그 어떤 팬을 쓰더라도 눅눅하고 축 처진

맛없는 전과 두부부침이 될 수밖에 없습니다.

맛있는 구이나 부침을 위해서는 불조절이 필수입니다.

맨 처음에 예열 과정이 더해진 부분과

익는 속도가 좀 빠르다는 것을 염두에 두는 걸 제외하고는

지금까지 쓰시던 코팅팬과 똑같은 요령으로 사용하세요. ^^

다만, 불을 항상 너무 세게 쓰시는 분들만 습관을 좀 바꿔보세요.

팬을 예열할 때에 '중불'로 예열하시라고 했는데도

많은 분들이 딱 한 번 쓰고 팬의 색이 변했다고 하십니다.

결국 제 기준의 중불과 여러분께서 생각하는 중불에

커다란 차이가 있었기 때문인 걸로 추측이 되더군요.

제가 말씀드리는 중불은 팬의 밑바닥에

불꽃의 끝이 살짝 닿을 정도예요.

그 정도 불꽃으로도 스텐팬은 음식을 빨리해낸답니다.

불을 굳이 강하게 하지 않아도 음식이 빨리 익으니

스텐팬을 쓰면서 저도 모르게 불을 줄여 쓰게 되었던 것이죠.

제가 켠 불을 보면 너무 약하다고 놀라는 분들도 많으셨어요. ㅎㅎ

그래서 시연회 자리를 마련하면 결국 처음부터 끝까지

'불조절' 이야기만 하다가 헤어지게 되더라고요. ^^

음식이 끓어 넘치고, 국물이 튀고, 달라붙고, 눈거나 타고

그래서 팬의 색이 변해 팔이 아프도록 닦아야 하고

등등등 스텐팬을 사용하면서 겪는 모든 문제가

모두 거짓말처럼 '불 조절' 하나로 99% 해결된답니다.

어떻게 생각하면 참으로 단순한 문제지요?

불 조절 설명을 글이나 말로 해 드리고

각자 실행에 옮기는 과정에서 각자 다르게 하시기 때문에

어떤 분은 완벽한 성공을 맛보지만 그렇지 못한 분도 많습니다.

그래서 처음으로 정리했던 정석 예열법보다는

많은 분들께 상담을 해 드리는 과정에서 찾아내게 되었던

10분 예열법(오븐 예열법)을 더 권해드리기도 합니다.

정말 예열이 어렵다고 느끼시는 분들이 아직 계시다면

이제부터 '내 스텐 프라이팬은 오븐이다' 라고 생각해보세요.

오븐에는 '예열' 이 필수적이라는 것 아마 다들 아실 거예요.

오븐 요리를 하려면 재료를 준비하기 전에

일단 오븐부터 켜서 10분 가량 예열하시죠?

스텐 프라이팬도 약 약 불 에다가 10분 미리 올려놓으세요.

정말 약불이라면 10분 이상의 예열에도 변색되지 않는답니다.

그 시간에 이것저것 재료 준비하시고요.

(서서 기다리면 10분 너무 지루합니다. ^^;;)

10분이 경과되고 나면 그때에 기름을 넣고

30~40초 정도 기름이 뜨거워지기를 기다렸다가 재료를 넣습니다.

중간에 불 끄고 식히고 그런 과정은 필요 없다는 뜻입니다.

그냥 약불에 10분 예열 이게 다인 거죠.

말 그대로 미끄러집니다. ^^

5. 스텐 프라이팬에 대한 가장 큰 마지막 오해 –
고수만이 쓸 수 있다

물어볼 사람도 가르쳐주는 사람도 아무도 없었기에

인터넷과 서점을 헤매고 헤매도 단 한 줄의 자료도 없었기에

혼자 2년 동안 안 해본 짓 없이 스텐팬의 모든 것을 경험했습니다.

그 경험을 세세히 전달해드릴 욕심에,

또 온갖 다양한 경우의 질문들에 답하려다 보니

제 글이 항상 길고 복잡했던 것 같아요.

여러분은 시행착오 겪지 마시라고
아는 표현 모르는 표현 동원해서 자세한 설명을 열심히 드린 것이
여러분에게는 어렵고 부담스럽게 느껴졌던 것 같아요.

스텐 프라이팬에 대한 가장 큰 마지막 오해는 뭐니 뭐니 해도
'스텐 프라이팬은 아무나 쓰는 것이 아니다.
내공(?)이 쌓여야 한다.
고수(?)들만이 쓰는 엄청난(⌒;;) 물건이다...' 와 같은
선 입 견 이라고 생각합니다.

그것은 스텐 프라이팬에 관한 제 글들의
엄청난 부작용임을 자백합니다.
시도해보기 전에 미리 겁부터 팍팍 드렸었나 봐요. ㅎㅎ

질문을 받을 때마다 제 글에는 부연 설명이 자꾸 늘어갑니다.
그 현상은 지금도 끊임없이 계속되고 있고요.
절대 글이 길다고 머리 아파하지 마세요. 본질은 아주 단순합니다.
많은 분의 다양한 상황을 전부 수용하려다 보니
길고 복잡해 보일 뿐이랍니다.

스텐 프라이팬 사용법은 결코 어렵지 않아요.

제가 처음 쓰기 시작했던 2001년도 무렵은

스텐팬을 파는 매장의 직원들조차

달라붙어서 못 쓴다고 말릴 정도로 아무런 정보가 없었답니다.

스텐 프라이팬에 관한 한 황무지의 시절이었죠.

사용자가 거의 없었으니까 어쩜 당연한 현상이었겠죠.

아무튼 그런 시절에 혼자 온갖 실험(?) 다 해보느라

예열에 관한 한 온갖 산전수전과 시행착오를 겪었고

그 경험을 많은 분들과 나누고 싶답니다.

스텐 프라이팬 사용이 특별하거나 어려운 것이 아니란 것은

사실 제가 쓰고 있다는 사실로도 증명이 가능하답니다. ^^;;

저는 정말 '요리'를 싫어하고 못하는 불량주부거든요. ㅎㅎ

역시 전 글을 짧게 쓰는 재주가 영 없어요.

머릿속에 쏙쏙 들어갈 수 있는 굵고 짧은 글로 전달해드리고 싶었는데

뭐 제 스타일이 어디로 가겠습니까. ㅎㅎ

1. 길을 들여서 써야 한다?
길들일 수도 없고 길들일 필요도 없으며 스테인리스
프라이팬은 길들이는 것과는 전혀 상관이 없습니다.
단지 예열만 해서 쓰면 됩니다.

2. 기름이 많이 든다?
기름이 코팅 팬보다 적게 듭니다. 그리고 팬에 기름이
배이지 않습니다.

3. 세척이 어렵다?
세척이 늘 새것처럼 되고 싶습니다. 매번 깨끗한 새
프라이팬을 쓰는 느낌입니다.

4. 약한 불로 써야만 한다?
요리에 따라 조절하시면서 약한 불과 강한 불 모두
쓸 수 있습니다.

5. 고수들만이 쓸 수 있다?
스테인리스 프라이팬을 잘 쓰는 것은 예열만 하면 누구나
똑같이 가능합니다.
비법이 아닌 단지 기다림과 익숙해짐만이 필요합니다.

쓰기 전에 – 첫 세척과 기본 주의사항

1. 첫 세척하기

스텐 프라이팬은 길들이는 물건이 아니라는 것을 앞에서 설명드렸습니다.
길들이기는 필요 없고,
단지 처음 사용하기 전에 세척을 잘 해주시면 되는데요,
첫 세척 방법을 소개할게요.

첫 세척은 제품 생산과정에서 덜 씻겼을 수 있는
불순물을 닦아내는 과정입니다.

1. 더운물에 식초와 주방세제(2 : 1 : 1)를 섞은 것을 부드러운 스펀지에 묻혀 구석까지 꼼꼼히 닦아줍니다. 굴곡진 부위는 조금 더 신경 써서 닦아주세요.
2. 부드러운 헝겊이나 스펀지로 문지르며 더운물에 깨끗이 헹궈 마른 행주로 닦아줍니다.

3. 1~2의 방법으로 연마때가 다 닦이지 않고 계속 검게 묻어나오는
제품이라면 같은 과정을 2~3회 반복해 줍니다.
(뜨거운 물로 닦으면 좀 더 쉽게 닦입니다.)

2. 첫 세척시 주의 사항

'부드러운 스펀지나 수세미' 로 닦아야 한다는 것을 꼭 기억해 주세요.
깨끗이 닦겠다고 처음부터 거친 수세미로 닦으시면 새 제품의 광택도
죽고 오히려 제품 표면이 연마되어서 검은 때를 만들어내게 되는 수가
있습니다.

새 제품을 아무리 닦고 또 닦아도 계속 검은 무언가가 묻어나온다고
문의를 하신 분이 계셨습니다. 나중에 알고 보니 첫 세척에 초록 수세
미를 쓰셨던 거죠. -.-;; 뒤의 설거지 이야기에서 다시 말씀드리겠지
만 초록색 수세미를 비롯한 거친 수세미는 평소에도 요주의 대상입니
다만, 첫 세척에는 저얼대(!!) 쓰지 마세요. 거울 같이 반짝거리는 새
제품이 한번 써보기도 전에 만신창이가 되면 정말 속 쓰립니다.

그리고, 일부 제품 설명서에 물을 담아 우유나 식초를 몇 방울 넣고 끓
이라고 설명하는 경우가 있는데, 위에서 권해드린 방법으로 닦으신다
면 굳이 끓일 필요는 없습니다. 그럼에도 불구하고 꼭 끓이고 싶으시

다면 말리지는 않겠지만 대신 한 가지 주의 사항이 있습니다. 바깥면까지 닦지 않은 상태로는 불에 올리지 마세요. 겉에 묻어있던 불순물을 제거하지 않고 가열하면 그 불순물이 타면서 제품 표면에 고착될 수 있거든요. 아니나 다를까 새 제품을 받자마자 불 위에 올려 식초물을 넣고 끓였는데 바깥면이 갈변되었다는 호소를 종종 듣습니다. 꼭 끓이고 싶으시거든 전체 세척을 꼭 먼저 하시고 불 위에 올려주세요.

✫스텐팬 예열하기

스테인리스 프라이팬을 처음 사용하시는 분들을 위해 가장 기본적으로 권해드릴 만한 방법 두 가지를 소개합니다. 그대로 따라 해 보시고 점점 요령이 생기면 자신만의 예열 방법을 만들어 보세요.

1. 정석 예열법(빠른 예열법)

팬을 약간 과열했다가 식혀서 기름을 넣고

기름이 예열 된 뒤에 재료를 넣는 방법입니다.

- 불꽃이 팬 바닥을 벗어나지 않는 범위 안의

　가장 센 불에 올려 2분 20초 가열합니다.

　(2분 20초는 24cm 삼중바닥 프라이팬 기준이며

　시간은 팬의 크기 나 두께에 따라 가감할 것)

- 불을 끄고 1분 정도 자연스럽게 식히거나

　젖은 행주 위에 올려 빠르게(10~20초 정도) 식힙니다.

　(팬 전체로 열이 고르게 퍼질 시간을 주는 것.)

－ 기름을 넣고 불을 다시 켠 뒤 1분여 중약불로 가열하여

　기름이 팬 표면에 얇게 팬에 퍼지면서 밀착되고

　결이 생기는 것이 보이면 식재료를 넣습니다.

　이때부터는 요리에 알맞은 불 세기로 조절합니다.

2. 간단 예열법(오븐 예열법/10분 예열법)

약한 불에 기름을 처음부터 넣고

약한 불로 천천히, 은근히 가열하는 방법으로

불 조절이나 기름을 넣는 시점에 신경 쓰지 않아도 되는

편리함이 있습니다.

요리를 시작할 때에 팬부터 올려놓고

예열이 되는 동안 다른 재료를 준비합니다.

－ 팬에 기름을 넣고 퍼뜨린 후

　불꽃이 팬 바닥에 전혀 닿지 않는 약한 불에 10분 올려둡니다.

　(오븐 요리 10분 전에 미리 켜서 예열하는 것과 똑같이 생각하면

　부담이 없습니다.)

－ 기름이 퍼지면서 밀착되는 모양을 확인하고

　알맞은 불 세기로 조절하여 요리를 시작합니다.

3. 모든 예열 방법에서 공통적으로 중요한 사항 몇 가지

○ ●예열의 포인트는 고르게 잘 예열된 팬과

충분히 예열된 기름입니다.

팬뿐 아니라 반드시 기름까지 예열해야 함을 잊지 마세요.

○ ●예열 방법은 음식에 따라, 사용자의 습관에 따라

얼마든지 다양해질 수 있습니다.

두 가지 예열 방법을 기본으로

다양한 자신만의 예열 방법을 개발해 보세요.

○ ●미역국, 카레, 김치찌개 등을 끓일 때

처음에 재료를 볶는 과정에 예열을 활용하시면

훨씬 잘 볶아지고 냄비에 음식이 달라붙지 않습니다.

○ ●가열 시간과 식히는 시간은 팬의 두께, 크기, 가스 불의 세기, 화구

주변의 통풍 정도 및 실내 온도 등에 따라 차이가 날 수 있습니다.

○ ●기름을 넣는 시점

약불로 예열할 경우 : 처음부터 넣어도 좋습니다. 예) 간단 예열법

센 불로 예열할 경우 : 기름이 타지 않을 온도로 팬이 식은 후 넣

습니다. 예) 정석 예열법

중불 이상으로 예열할 때에 기름을 처음부터 넣지 않는 이유는,

예열 도중 팬의 온도가 약 175도를 넘어가면

기름이 타기 시작하기 때문입니다.

예열 내내 기름이 타지 않을 정도의 온도를 유지한다면

기름을 처음부터 넣어도 좋습니다.

○ ● 기름이 퍼지는 모양을 보이기 시작했을 때부터

연기가 나기 직전까지가 요리하기 가장 좋은 온도입니다.

(약 섭씨 160~175도)

모든 요리는 기름이 결을 보이기 시작하고

약 1~2분 후에 시작하면 큰 무리가 없습니다.

예민한 식재료일 경우 이 시간을 길게 가지세요.

○ ● 예열 시간이 짧고 불이 센 예열 방법에는

반드시 팬을 식히는 시간이 필요합니다.

(팬 표면이 전체적으로 온도가 균일해지는 시간을 주어야 하기 때문)

○ ● 기름 종류에 따른 요리 난이도

참기름, 들기름, 버터는 음식을 훨씬 덜 달라붙게 하지만

타는 점이 낮아 고온으로 장시간 하는 요리에는 부적합 합니다.

요리 시간이 짧고 민감한 흰자 때문에 힘든 달걀 프라이는

가장 쉽게 하는 방법은 이 세 가지 기름을 이용하면 쉽게 할 수 있습

니다.

4. 물방울 테스트를 권하지 않는 이유

스텐팬이 알맞게 예열되었는지를 알아보는 방법 중

가장 흔히 회자되는 방법이 물방울 테스트입니다.

예열 된 팬 위에 물방울을 떨어뜨려 보아

'구슬처럼 굴러다니면' 예열이 잘 되었다는 것이죠.

그런데 저는, 이 방법을 잘 권하지 않습니다.

'구슬처럼 굴러다니는' 시간대의 범위가 너무 넓기 때문입니다.

팬이 뜨거워짐에 따라 팬 물방울이 차츰 변화를 보이기 시작합니다.

처음에는 팬에 닿는 순간 '치익~' 소리를 내며

지글지글 끓다 곧 흰 수증기로 변해버리는데.

조금 더 뜨거워지면, '치익~' 소리가 한결 커지고

물방울은 작게 흩어지면서 역시 지글거리다가 기화됩니다.

좀 더 뜨거워졌을 때, 물방울이 여전히 소리를 내기는 하지만

비로소 구슬처럼 굴러다니는 것이 관찰됩니다.

그러나 아직도 일부 치직거리는 부위가 남아있습니다.

물방울이 전혀 증발하지 않고

구슬 모양으로만 떼굴떼굴 굴러다니는 시점은
그보다 약간 더 지나서입니다.
흩어지지도 증발되지도 않으면서 조용히
커다랗게 뭉친 물방울이 마치 수은처럼 팬 위를 굴러다닙니다.
이때야말로, 팬 전체가 안정적으로 고르게 예열 된 상태입니다.
치직거리거나 지글거리면서 증발하는 물이 일부 있을 땐
아직 팬 표면이 균일한 온도가 되지 않은 것이고요.

물방울 테스트를 '구슬처럼 구르면' 이라고 간단히 설명하다 보니
구슬 모양이 한두 개만 보이기 시작해도 다 되었다고 생각하게 되고
이때에 요리를 시작하면 실패할 수가 있습니다.

그렇기 때문에, 물방울 테스트를 권하려면
좀 더 정확하게 설명을 할 필요가 있습니다.
또, 아무리 물방울이 조용히 굴러다니더라도
기름을 넣은 후 팬에 밀착되기를 기다려서
팬뿐 아니라 기름까지 완벽히 예열된 후에
비로소 재료를 넣어야 한다는 요령은 여전하고요.

5. 예열과 기름의 밀착 그리고 요리 실력의 관계

스텐팬은 그냥 보기에 번쩍번쩍, 매끈매끈

아주 빈틈없이 평평해 보입니다.

그러나 촉각으로 느끼거나 육안으로는 볼 수 없는

아주 미세한 요철 혹은 틈이 있다고 합니다.

이론상, 음식이 달라붙는 이유는

이 미세한 요철 때문이라고 하는데요.

그렇다면, 예열을 하고 기름을 넣음으로써 그 현상을

없애주는 요령이 바로 예열법이라고 설명할 수도 있을 것 같습니다.

정석 예열법 마지막 부분에서 제가 기름을 넣고

기름이 뜨거워지는 40~60초의 시간을 기다렸다가

음식을 넣으시라고 말씀드렸었지요.

재료가 많이 예민한 편이라면 그 시간을 늘리시라고

덧붙이기도 했고요.

다시 위의 '요철 이론'에 기인해 풀어보면

기름이 팬의 표면에 코팅이 되면서

그 미세한 요철 사이사이를 메워주어 완벽하게

매끄러운 표면이 만들어지고 나서야 음식이 달라붙지 않는다는

이야기인데 여기에서 동시에 고려되어야 할

중요한 점이 바로 온도랍니다.

1번, 가열되지 않은 팬에 두른 기름의 퍼지는 느낌과

2번, 가열이 된 팬에 떨어뜨려 진 기름이 퍼지는 느낌,

그리고 3번, 가열된 팬에 기름이 일정 시간 이상 머물러

적정 온도로 데워졌을 때에 퍼지는 느낌,

이 세 가지 느낌이 모두 다릅니다.

한번 해 보세요.

스텐팬 위에서의 기름은 적당 온도로 뜨거워지면

아주 적은 양으로도 얇게 쫙 퍼진답니다.

팬을 기울였을 때에 이리저리 흘러내리는 속도도

확 비교가 될 정도로 빨라지고요.

눈에 보이지는 않지만,

온도가 높아지면 기름 분자(?)들의 결합이 풀어지거나

느슨해지는(?) 그런 변화가 오는 것 같아요.

조금 더 시간이 지나면 기름에서 결이 보이게 됩니다.

거기에서 더 시간이 지나면 이제 기름이 과열되면서

연기가 나게 되고요.

음식(달걀 프라이를 제외한)을 넣을 적당한 온도는

기름이 자유자재로 팬 위에서 쫙쫙 퍼지는 때로부터

연기가 나기 직전까지랍니다.

여기에서 조금 주의를 기울이지 않고 불 조절을 잘못하거나

음식을 넣는 타이밍을 살짝 놓치시면

노랗게 기름이 눋거나 갈색으로 타버린 팬을 설거지하는

수고를 원치 않는 덤으로 받게 되시는 것이니 주의하세요. ^^

기름에 결이 확실히 보였는데 아직 재료 준비가 덜 되었다면

잠시 불을 꺼 두거나 아주 약하게 줄이셔야 합니다.

그래서 기름을 넣고 오래 기다리거나 일찍 넣는 방법을 쓰신다면

조금 더 주의가 필요할 것으로 생각되고요.

혹시 기름을 아예 처음부터 넣으시는 분들은

정석 예열법대로 예열하시면 기름이 타므로 그럴 때에는

처음부터 음식 넣기 전까지 약약불~약불을 유지하시면서

기름의 상태를 잘 관찰해주시는 것이 좋겠습니다.

(올려놓고 돌아다니시다가 잘 잊어버리는 분들은

특히~! 조심해주세요.)

아무튼, 위에서 말씀드린 그 적정 온도 구간 안에서

각각의 재료에 잘 맞는 온도를 여러 번의 경험을 통해

육감으로 잡아내시게 되면

스텐팬 예열법을 거의 마스터하게 되시는 것과
다름없다고 할 수 있겠습니다.

보너스로 따라오는 이점들이 있는데,
코팅팬 위에서보다도 더더욱 깨끗하게 미끄러지며 부쳐지는
음식들이 그 첫 번째요,
그냥 먹을 수 있도록 익히기만 하면 된다는
초보적인 요리 습관에서 한 걸음 나아가
어떤 재료를 어떤 온도에서 어느 정도의 시간 동안 익히면
가장 맛있는 상태가 되는지에 대한 감각이 차차 생긴다는 것이
두 번째입니다. ^^

그래서 아주 간단한 구이나 부침,
볶음 한 가지를 하더라도 마치 요리 전문가가 된 듯한
쾌감을 느낄 수 있다는 것이랍니다.
그렇게 만든 음식이 맛도 더 있는 것은 두말할 필요도 없겠죠? ^^

저는 원래 부엌일에 손이 아주 느린 편이라서
늘 음식을 조리하는 시간을 너무 길게 지나쳐
별로 맛이 없는 음식을 먹곤 했었는데요.

스텐팬을 사용하면서 그 부분을 스스로 조금씩

고쳐나가고 있는 것 같아요.

그래도 요리에 재질을 타고나신 분들을 따라갈 수는 없겠지만

어쨌든 스텐팬 예열법을 익히면서 보너스로 얻게 된,

그리고 기대하지 못했던 좋은 점이라서 참 기쁘답니다.

여러분들도 기름의 퍼짐 현상과 팬 온도와의 관계,

그리고 시간과 불 조절의 관계에 얼른 익숙해지셔서

주방에서 보내는 시간이 좀 더 즐거워지고

가족들도 행복해지는 식생활을 꾸려나가시길 바랍니다.

일반 냄비를 쓰다가 스텐 냄비로 바꾸신다며

스텐 냄비의 사용법을 궁금해하시는 분들이 계시는데

스텐 냄비는 특별한 사용법이 없습니다.

스텐 냄비야말로 대표적인 일반 냄비고요.

(스텐 냄비 말고 또 다른 어떤 일반 냄비가 있다는 말씀인지

저는 그게 더 궁금합니다. ^^;)

또, 스텐 냄비도 예열을 해야 하냐는 질문도 정말 자주 하시는데

예열은 프라이팬 요리에 국한해서 말씀드리는 거랍니다.

구이나 부침개 등을 하기 위해 예열이 필요한 것이니

냄비에는 대부분 예열을 할 필요가 없습니다.

6. 예열, 아직도 어렵나요?

예열, 알고 보면 아무 것도 아닌데

되기 전까지는 저주받은(!) 느낌마저 들게 됩니다.

왜 죽어라 안 되는 걸까

왜 나만 안 되는 걸까.

스텐팬에서 예열하는 감을 잡으면

그야말로 새 세상이 열리죠.

그 쾌감은 말로 하기 어렵다는 거 느껴보신 분들 공감하실 겁니다. ^^

그런데 사실 그리 어렵거나 먼 이야기 아니거든요.

종이 한 장 차이...아니

아주 얇디 얇은 그 선입견의 막만 뚫고 나오시면

신세계가 열리게 되는데...

그걸 통과 못하셔서

난 안 되나 보다.

정말 어려운 건가 보다

이렇게 포기하고 문턱에서 돌아서시는 분들이 계실 겁니다.

그래서, 늘 하던 이야기이지만

오늘은 기본으로 돌아가 예열에 대해 몇 가지 팁을 정리해 봅니다.

(0번은 완전 초보자들만 읽으세요.

스텐팬 사용횟수 5번 이하의 분들이요.)

0. 음식이 달라붙는 원인의 99%는 결국 '덜 기다려서' 입니다.

붙었다면, '아, 내 예열 시간이 짧았구나~' 하시면 됩니다.

어? 충분히 한 것 같은데? 생각이 드시더라도 조금만 더 해 보세요.

나중에 익숙해지면 짧게 빨리 예열하는 요령도 알게 됩니다.

항상 그렇게 오래 예열해야 하는 것 절대 아니니까요

지금은 무조건 예열을 좀 더 해 보세요.

'아니다, 난 진짜로 오래 기다려 봤다, 그래도 안된다' 라고

항변하고 싶으신 분들은

평소 사용하시던 것보다 조금 강한 불로 예열하시고

그만큼 더 뜨거운 상태에서 요리를 시작(재료를 넣음)해 보세요.

특히, 들어갈 땐 미끄러졌는데 잠시 후에 보니 붙었다,

이런 분들은 요리 온도가 낮은 거랍니다.

화력을 10~20%만 키워보세요.

(여기서부터는 완전 초보자 포함,

아직 예열에 종종 실패가 있는 분들 모두 읽으세요.)

1. 다시 기본부터 말씀드릴게요. 예열의 관건은 크게 두 가지입니다.

    '팬과 기름이 모두 뜨겁게 잘 예열되어있어야 한다' 가 그 첫번째고요.

    '기름과 팬 표면이 아주 잘 밀착되어있어야 한다' 가 두번째입니다.

    팬만 뜨겁고 기름이 덜 뜨거우면 붙습니다.

    기름도 충분히 뜨거워져야지만 팬과 밀착이 됩니다.

    팬과 기름이 일체가 될 수 있게 기다려 주세요.

2. 예열의 관건 두 가지에 딱 한 마디만 더한다면,

    재료에 따라 알맞은 온도로 요리를 해야 한다.

비교적 낮은 온도에서 잘 되는 재료들이 있고(푼 달걀 요리 종류)

반대로 높은 온도에서 잘 되는 재료들이 있죠.

(대표적으로 두부와 생선구이) 되는 것 같았는데

끝까지는 잘 안 됐다면, 요리하는 온도를 바꾸어 보세요.

3. 그럼, 팬과 기름이 잘 예열되고 밀착된 걸 어찌 아느냐고요.

예열이 되면 기름이 자기들끼리 알아서 움직이면서

모양을 만들기 시작하죠.

마구 주름이 잡혀 결을 보이고 어떤 부분에는

웅덩이처럼 기름이 모이기도 하고요.

 기름의 모양이 관찰되기 시작하자마자

재료를 넣지 마시고 조금 기다리세요.

단, 이 때에 센 불로 계속 놔 두시면 바로 기름이 탑니다.

기다리는 시간을 늘이실 때에는 불을 좀 약하게 줄이셨다가

요리 직전에 다시 조절해야 합니다.

4. 그래도 넣을 때인지 아닌지 잘 모르겠다면...

두부 구울 때처럼 우선 작은 조각을 한 개만 넣어보세요.

그 한 조각이 붙으면 좀 더 기다리는 거죠.

30~40초 후에 두 번째 조각을 넣어보고 미끄러지면

그 때 몽땅 넣습니다.

물론, 처음 넣은 조각들도 건드리지 않고 그대로 두면

나중에 넣은 조각들이 잘 구워져 뒤집어야 할 때쯤

저절로 떨어집니다.

왕창 한판 넣지 말고 부분적으로 시험해보시면

혹시 모를 요리 후 팔운동(-.-)의 강도를 현저히 낮추실 수 있어요.

5. 요리는 잘 되는데 팬을 맨날 태운다면...

그런 분들도 계시죠. '요리는 안 붙고 잘 돼요'.

'근데 팬이 맨날 타서 닦기가 힘들어요'.

이런 분들은 화력을 좀 줄이세요.

화력을 줄이는 방법은 두 가지예요.

하나는 그냥 불을 약하게 하는 것

또 다른 하나는 화구를 작은 쪽으로 옮기는 것

(물론 가스불의 경우입니다.)

생각보다 화구 크기를 염두에 두지 않으시는 분들이 많아요.

화구의 지름(불꽃의 지름)은 언제나 팬 밑바닥 지름의 절반 정도가 알맞습니다.(가스불이요.)

가스불은 불을 세게 하면 불꽃이 위로 커질 뿐 아니라

옆으로도 뻗칩니다.

만약 가장 센 불을 틀 거라면 화구를 더 작은 곳으로 옮기는 게 좋겠죠.

6. 햄이나 소시지 굽기, 닭가슴살 굽기, 멸치볶음이나 제육볶음처럼

　양념 있는 음식 볶기, 식은 전이나 잡채 데우기

　이런 종류 예열하셨다가 팬 태우신 분들...!

예열이 필요 없는 경우도 참 많답니다.

위에 언급한 것들을 굽거나 데우실 때에는

예열하지 않거나, 불 켜고 팬이 미지근해지자마자

바로 넣으시면 됩니다.

기름 추가도 필요 없고요....

음식 자체에서 기름이 많이 나옵니다.

위에 언급한 요리 외에 끓이기, 조리기, 채소 볶기 같은 건

정말 예열과는 사돈의 팔촌 관계도 없습니다.

스텐팬에서 하면 무조건 예열? 아닙니다.

구이와 부침, 아주 일부 볶음 요리를 뺀

대부분의 요리는 예열 전혀 필요 없습니다.

잊지 말아주세요. ^^

아직도 문제가 남았을까요? ^^

이제 남은 문제는 '실행에 옮겨보는 것' 뿐입니다.

이론만 들이 판다고 절대 스텐팬에 익숙해지지 않습니다.

밤 새워 스사모 글 읽으시는 분보다

하루 세 끼 식사준비하면서 매번 스텐팬 써보시는 분이

훨씬 빨리 익숙해집니다.

백문이 불여일견이죠.

그런데 백견이 불여일행입니다.

스사모 기본 글들 읽으셨고

이 글까지 읽으셨으면 다 보신 거예요.

이제 부엌으로 가서 스텐팬을 불 위에 올려보세요.

글만 읽고 사용은 일주일에 두어 번 하시면

십 년이 지나도 스텐팬 잘 쓰시기 어렵습니다.

꼭 기억해 주세요. ^^

7. 스텐팬계의 뜨거운 감자, 달걀 프라이
  – 스테인리스 팬과 친해지고 싶다면 달걀 프라이는
    가장 나중에

바쁜 아침에 토스트에 곁들이면 훌륭한 한 끼 식사가 되고
비빔밥이나 김치 볶음밥에 빠지면 섭섭한
전 국민의 간식이자 반찬 아닌 반찬이 뭘까요?
네, 달걀 프라이 맞습니다.

그런데 어이없게도
이 달걀 프라이야말로
스텐팬에서 가장 해내기
어려운 요리라는 사실이
과연 믿기시나요? ^^;;;

재료 준비와 조리 과정이 간단해서인지
스텐팬을 처음 사용하는 분들은 대개
첫 연습용으로 이 달걀 프라이를 선택합니다.
그리곤 '스텐팬은 사용이 어렵다' 는 편견을 바로 갖게 되죠. ㅎㅎ

물론, 한 번의 실패로 팬 사용을 포기하지는 않겠지만

두 번째, 세 번째 시도가 이어지고

달걀 한판이 없어지는 동안

실망은 반복되고 급기야 사람들은

'아, 이 쉬운 것도 안 된다니!

나는 아무래도 스테인리스 팬은 못 쓸 것 같아.

역시 스텐팬은 고수가 쓰는 거였어. 흑흑.'

라는 결론에 도달하게 되죠.

음…

스텐팬과 빨리 친해지고 싶다면

달걀 프라이는 가장 나중에 시도하는 것이 좋습니다.

제일 쉬워 보이는 달걀 프라이가 유난히 어려운 이유는

흰자의 점성과 예민함 때문인데요.

프라이 말고 달걀을 풀어서 만드는 달걀말이나

호박전이나 생선전을 부쳐보면

훨씬 쉽다는 걸 금세 느낄 수 있습니다.

그래서 첫 시도로는 달걀 프라이보다는

부침개나 생선전, 프렌치토스트나 팬케이크처럼
비교적 난이도가 낮은 팬 요리들이 적합합니다.

달걀 프라이와 관련해서 가끔 한 번씩
우리를 좌절시키는 에피소드가 스사모에 등장합니다.

예열법의 'ㅇ'도 모르는 남편이,
심지어 초등학생인 자녀가 어느 날
무심코 스텐팬을 불 위에 올리고 달걀을 꺼낼 때

'저런 저런, 쯧쯧. 예열도 안 하고
감히 스텐팬에 프라이를 하다니! 후훗~
예열법을 열공한 나도 아직 못하는데
어디 한번 해 보라지~ 크크크'

이런 '나만 당할 수 없다'는 심정으로
달라붙어 만신창이가 될 달걀을 예상하지만
어찌 된 일인지 예상을 확 깨고, 멀쩡한 달걀 프라이를 해내는
믿을 수 없는 일이 종종 벌어지곤 하죠.

이럴 때, 예열에 공을 들이던 분들은 배신감을 느낍니다.
선무당, 아니 예열을 전혀 염두에 두지 않았을
남편이나 자녀가 무심코 성공한 비결은 무엇일까요?
과연 달걀 프라이 성공의 정답은 무엇일까요?^^

몇 가지 주목할 만한 점들을 정리해보기로 할게요.

스테인리스 팬 사용의 경험이 전혀 없는 사람들이
우연히 성공하는 까닭은 역설적이게도
'예열에 신경 쓰지 않았기 때문' 이랍니다.

달걀흰자는 열에 극도로 예민합니다.
아주 낮은 온도에서도 익기 때문에
일반적인 예열 방법을 사용하기보다는
먼저 팬에 기름을 바르고 달걀을 넣은 뒤에
약한 불에 올려 익히는 쪽이 실패가 오히려 적기도 합니다.
예열에 신경 쓰지 않고도 달걀 프라이를 성공하는 이유가
바로 여기에 있습니다.

그렇다면, 흰자를 센 불에 바짝 익히는 달걀 프라이는

스테인리스 팬에서는 불가능한 것일까요?

그렇지 않습니다.

뜨겁게 예열한 팬에서도 달걀 프라이는 물론 미끄러진답니다.

단, 이 경우엔 기름이 충분히 달궈져 팬에 밀착되어있어야 하고

달걀이 팬에 들어감과 동시에 불을 확 줄이거나 끄는 게 좋습니다.

그리고 하나 더 팁을 드리자면

들기름이나 참기름과 같이 점성이 있는 기름을 첨가하면

한결 더 쉽게 프라이를 할 수 있기도 합니다.

항상 강조하는 겁니다만

지금 막 시작하는 초보 사용자라면

결코 달걀 프라이로 팬을 개시하는 것만큼은 피하세요.

스텐팬과 충분히 친해져 편안하게 사용할 때 즈음이면

달걀 프라이는 어느 날 거짓말처럼 미끄러질 겁니다.

결코 초반부터 달걀 프라이로 힘을 뺄 필요가 없습니다. ^^

8. 타는 이유 세 가지

스테인리스 프라이팬 예열하기에 대한 글을 처음 썼던

2004년부터 지금까지

끊임없이 들어 온 질문과 하소연들이 있습니다.

'스텐팬은 음식이 너무 잘 타버려요.'

'멸치볶음을 했는데 양념장을 넣자마자

요란한 소리와 함께 간장이 아주 새까맣게 타버렸어요.'

'스팀홀이 없는 냄비를 사려니 넘칠까 봐 걱정되어서 고민 중이에요.'

'세트에 수백만 원 하는 냄비를 구경했는데

절대 안 타고 안 넘친다네요. 정말일까요?'

'기름을 넣었는데 연기가 바로 풀풀 나요. 스텐팬 못 쓰겠어요.'

'국을 끓이는데 뚜껑이 들썩거리고 국물이 마구 튀어나와요.'

'왜 이렇게 잘 타죠? 제 프라이팬이 저렴해서 그런가요?'

바로 이런 질문들이죠.

스텐 용기는 잘 타고, 잘 넘친다는 불평들...

반대로 특정 제품은 안 타고 안 넘친다는 광고에 대한 반신반의들...

이런 질문에 대한 저의 답은 언제나

이해를 돕기 위한 온갖 설명을 줄줄이 달고 있어 구구절절 늘어지지만

사실 이와 같은 일련의 현상들의 원인은 단 하나로 귀결되며

답을 짧게 줄이면 '불과 시간을 조절하세요' 랍니다.

그리고 가끔은

'그런데, 왜 탈 때까지 불을 안 줄이시는 거죠?'

라고 되묻고 싶을 때가 있기도 해요. ^^

(물론, 깜박하고 잊어 눋거나 탄 경우는 논외로 하고요.)

어떤 재질의, 어떤 구조의, 어떤 가격대의 냄비든

센 불로 마냥 끓이는데도 타지 않고 넘치지 않는

마술 냄비는 세상에 없습니다.

재질의 열전도율이나 구조와 기타 특성에 따라

알맞게 요리가 되는 불의 세기가 조금씩 다를 뿐이죠.

만약 용기를 새로운 것으로 바꾸었을 뿐

전과 똑같은 요령으로 요리했는데 탄다면

불을 전에 쓰던 불보다 약하게 쓰거나 조리 시간을 줄이면 됩니다.

넘쳤다면 역시 불을 덜 세게 쓰거나 넘치기 전에

불을 끄면 넘치지 않습니다.

더 이상 남는 문제는 없습니다.

그러나 아마 앞으로도 같은 질문들은 끊임없이 계속될 것 같아요.

ㅎㅎ

그렇다면 이즈음에서,

음식과 용기가 타는 이유에 대해

좀 더 분석적으로 접근해보도록 하겠습니다.

위에서 이미,

불이 강할 때와 너무 오래 가열했을 때 탄다는 이야기를 했는데요,

좀 더 세밀히 관찰을 해 보면,

화력이나 가열 시간 말고도 변수가 하나 더 있습니다.

펄펄 끓는 국을 연상해보도록 하죠.

아무리 불이 세도, 끓고 있는 국은 타지 않습니다.

국물이 다 졸아들고 나면, 그제서야 타기 시작하겠죠.

네, 용기 안에 아직 수분이 있는 한 타지 않습니다.

그래서, 불 조절 다음으로 신경을 써야 하는 것이 바로

수분의 조절입니다.

그런데, 이 수분의 조절 역시 불의 세기와 무관하지 않습니다.

불이 셀수록, 수분은 빨리 증발해버립니다.

화력과 가열 시간으로 수분을 조절할 수 있는 것이죠.

그 다음으로 수분을 조절하는 요인은 뚜껑입니다.

뚜껑이 얇고 가벼울수록,

스팀홀이 크게 뚫려있을수록

본체와의 밀착이 덜 좋을수록

아무래도 많은 양의 수분이 단시간 내에 증발되게 됩니다.

뚜껑과 본체가 맞닿는 부위의 밀착이 좋고 밀착면이 넓을수록

뚜껑에 스팀홀이 없고 무거울수록

같은 불 세기로 조리할 때에 수분이 덜 날아가고요.

1. 불 (불 조절)

2. 물 (수분 조절)

3. 시간 (시간 조절)

이 세 가지를 적절히 조절할 수 있으면
음식이든 용기든 태울 일은 결코 없습니다.

그리고, 여기에서 하나 재미있는 사실은요,
저 조건들이 단지 안 태우기 위한 조건만이 아니고
맛있는 요리를 위한 요령이기도 하다는 점입니다.

아마 저기에다가
1. 재료의 신선함
2. 재료를 넣는 순서와 타이밍
3. 맛의 어울림

이 정도만 더한다면
이것이 바로 솜씨 좋은 요리사가 되는 방법이 아닐지요.

스텐팬을 어떻게 하면 태우지 않을까~라는 고민에서
벗어나시게 되면서 그동안 다 느끼지 못했던 요리의
즐거움까지 발견하게 되시리란 걸 제가 장담합니다. ^^

한 가지만 확인하면 되는 스텐 프라이팬의 간단한 예열

기름관찰법

– 팬에 기름을 넣고 불에 올려 기름이 결을 이루며 퍼지는 모양을 보이기 시작할 때까지 기다린다.(약불로 예열하면 이 시간이 길어지고 중불로 예열하면 이 시간이 짧아진다.)

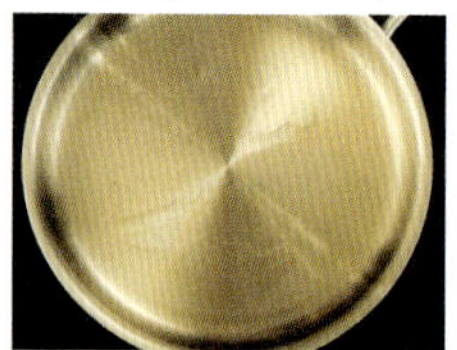

– 기름에 결이 나타나기 시작하면 불을 조금 줄여서 연기가 나지 않도록 유지하며 약 1~2분 예열 지속 후 요리를 시작한다.

(더욱 확실히 하고 싶거나 민감한 재료를 요리할 때에는 기름결이 보이기 시작한 2분쯤 뒤에 불을 껐다가 1~2분 후 다시 켜서 약 2분 정도 가열한 뒤에 요리를 시작하면 좀 더 미끄러지는 요리가 가능하다.)

잠깐!
스텐 프라이팬 사용 시 불 종류는?

센불 불꽃이 프라이팬 테두리 밖으로 넘지 않되 바닥에 완전히 닿는 정도

중불 불꽃 끝이 프라이팬 바닥면에 닿을락 말락 하는 정도

약불 불꽃 끝이 프라이팬 바닥면에 전혀 닿지 않고 줄일 수 있을 때까지 줄인 정도

스텐 프라이팬으로 요리를 할 때 예열이 필요한 경우는 몇 가지뿐이고
대부분의 요리는 예열이 필요 없습니다.

✳설거지와 관리

1. 평소 설거지 요령

평소 설거지는 다른 재질의 주방용품과 다를 것이 없이
일반적인 식기 세척 방법으로 하시면 됩니다.
스테인리스 세정제는 심하게 태웠거나
묵은 때를 닦아 원래의 광택을 찾고 싶을 경우에만 필요한 것이고
평상시에는 사용할 필요가 없습니다.

수세미의 종류로 일반적인 설거지 요령을 설명 드릴게요.

- 일반 수세미(스펀지나 스펀지를 나일론 그물망으로 감싼 정도의
  부드러운 수세미들)
  기름이 눌거나 실수로 음식을 태우지 않았다면
  이런 일반 수세미로 충분히 닦을 수 있습니다.
  더운물에 팬을 잠시 불렸다가 닦으면 한결 쉽게 닦입니다.

– 그물 수세미(노란색 또는 분홍색의 시중에 나와 있는 그물 수세미들)

일반 수세미로 닦기에는 좀 부담스런 양념 찌꺼기가 있는 팬이나 생선을 구운 팬 등을 애벌 닦아낼 때에 쓰면 좋습니다. 일반 수세미에는 끈적한 양념이나 기름이 엉겨 붙지만, 그물 수세미는 그렇지 않으니까요. 조금 힘을 주어 닦으면 웬만큼 붙어있는 이물질들은 이거 하나만으로도 다 닦입니다. 물론, 이 역시 팬을 잠시 물에 불린 후에 닦으시면 한결 편합니다.

– 철 수세미

일반적으로 스텐 제품 설명서에서는 철 수세미 사용을 권장하지 않습니다. 하지만 심하게 눌어붙었거나 태웠을 경우에 누구나 어쩔 수 없이 사용하게 되는 것이 바로 철 수세미입니다. 그런데 철 수세미 사용에는 약간의 요령이 필요합니다.

스테인리스 표면을 보면 결이 있는 경우가 많은데 철 수세미는 반드시 결방향에 맞추어 문질러야 합니다. 결대로 닦기만 한다면 눈에 띄는 흠집은 생기지 않는답니다. 단, 경면처리(스텐 표면을 거울처럼 비칠 정도로 광택이 있게 처리한 것)된 바깥면에는 사용하지 않는 것이 좋습니다.

철 수세미 사용의 또 다른 주의 사항 하나는 너무 헐 때까지 사용하지 마시라는 것입니다. 오래 사용해 낡은 철 수세미는 꺾이고 끊긴

날카로운 부분이 많아 스테인리스 표면에 흠집을 만듭니다.

이 수세미에는 강력한 연마제가 들어 있어 철 수세미보다도 오히려 스테인리스 표면을 더 깎아내기 때문에 쓰시지 않는 것이 좋습니다. 스테인리스에 가장 피해야 할 수세미라고 할 수 있습니다. 초록 수세미만을 사용하시면 한 달밖에 쓰지 않은 팬이 십 년은 사용한 것처럼 되어버리고 거칠어진 표면에 또 이물질이 끼어 잘 닦이지 않는 악순환을 반복하게 됩니다.

2. 태웠거나 변색이 되었을 때의 세척 방법

- 심하게 태웠을 경우

음식을 하다가 깜빡하고 새까맣게 태웠어요

태운 냄비는 절대 바로 찬물에 담그지 말고 상온에서 자연스럽게 식혀서 탄 음식물을 걷어낸 뒤에 물에 오래 불려 닦아야 합니다.

가장 먼저 할 일은 불을 끄고 가만히 기다리는 것입니다.

태우면 제일 먼저 찬물에 넣는 분들이 계시는데

절대 하지 말아야 할 일입니다.

그 이유는 과열된 용기에 갑자기 찬물이 닿으면

급격한 온도 변화 때문에 제품에 이상이 생길 수 있고

탄 것도 오히려 더 안 닦이는 상태가 되기 때문입니다.

탄 프라이팬을 발견했을 때에 불만 끄고

자연스럽게 식도록 그냥 놔두세요.

다 식으면, 일단은 탄 음식을 걷어낼 수 있는 데까지 걷어냅니다.

그리 심하게 탄 것이 아니라면 반나절~하루 정도 정말 심하게 탔다면

2~3일 정도 뜨거운 물을 갈아주어 가며 푹 불렸다가

스텐 세정제나 소다로 닦아냅니다.

이렇게 장시간 물에 불려 닦으면 웬만한 경우에는 깨끗이 닦입니다.

그래도 덜 닦였다면 물을 가득 담고 소다 또는 식초를 넉넉히 풀어

30분 이상 푹 끓여주세요. (소다나 식초 중 한 가지만 사용하세요.)

그 물이 식기 전에 수세미로 문질러 닦아주시면

대부분은 아마 처음과 같은 색을 찾을 거예요.

– 프라이팬이 전체적으로 갈색이 되었을 때

　스테인리스는 지나친 열을 받으면 갈색으로 변하게 됩니다.

　전체적으로 노랗거나 진한 갈색을 띨 정도로 변색이 되었을 때에는

로션/페이스트 타입의 스텐 세정제 또는 가루 세정제를 물에 잘 갠 것을 얇게 프라이팬 전체에 도포해 두었다가 40분이 경과한 후에 닦아보세요. 너무 심하게 변색된 경우가 아니라면 거의 제 색을 찾게 됩니다.

- 무지갯빛, 허여스름한, 짙은 보라색의 얼룩이 생겼는데 설거지를 해도 안 없어질 때

이는 스테인리스 스틸에 음식 속의 미네랄 얼룩이 남는 현상인데요 이 얼룩의 특성은 젖었을 때에는 보이지 않다가 마르고 난 뒤에 더 잘 보인다는 것이며 일반 설거지로는 닦이지 않으나 그렇다고 이물질이 만져지는 것은 아닙니다.

해결 방법은 식초나 스텐 세정제로 닦아주는 것이 가장 간편하지만 얼룩 자체가 해롭거나 다음 조리 시에 문제가 되거나 하지 않으니 굳이 제거하지 않으셔도 됩니다.

또한 계속 요리를 하다 보면 저절로 없어졌다 나타나기도 하고
새것일 때에 유난히 눈에 잘 띄므로
사용하면서 익숙해지게 되면 별로 신경 안 쓰시게 된답니다.

- 냄비 겉면의 물 얼룩

    설거지를 하고 엎어놓은 스텐 제품이 마르고 나면

    물방울이 묻었던 자국대로 얼룩이 남기도 합니다.

    이 물 얼룩이 싫으시면 설거지 직후 물기가 마르기 전에

    마른행주 등으로 물기를 제거해 주세요.

    또는 음식을 하는 중에(냄비가 뜨겁게 가열되어 있을 때)

    적셔서 물기를 꽉 짠 행주로 닦아주셔도 쉽게 지워집니다.

    그 물방울 얼룩 또한 새 제품일 때에는

    딱 한 방울 튄 것까지도 엄청나게 눈에 띕니다.

    정말 용서할 수 없는(?) 심한 얼룩으로 보이죠.

    그런데, 그게 시간이 점차 지나면서

    언제부턴 가는 희한하게 눈에 잘 안 보인답니다.

    자연스럽게 자기도 모르는 사이에 익숙해지고

    냄비도 조금씩 낡게되니까 잘 안 보이게 되거나

    그러려니 하고 적응하게 된답니다.

3. 세척 시 주의 사항들

- 락스 사용주의

  태운 냄비를 닦기 위해 락스를 넣어 끓이시는 분들이 계시는데

  락스는 매우 강한 염기성 물질입니다.

  냄비를 못 쓰게 망칠 수 있으니 락스는 사용하지 마세요.

  저는 한 번도 락스를 사용해보지 않았지만

  락스넣고 끓이라는 잘못된 정보를 듣고 따라하셨다가

  냄비가 완전히 못쓰게 된 경우가 있었답니다.

- 과잉 세척 주의

  스텐팬을 닦는 이야기를 마무리하면서 마지막으로 드릴 말씀은

  과잉 세척을 주의하시라는 것입니다.

  종종 닦는 데에 정말 너무나 열심이신 분들을 보며

  많이 힘드시겠구나 싶은 생각이 들 때가 있습니다.

  예열에 익숙해지는 동안에는 물론 닦는 것이

  여러분들께 좀 부담일 수 있습니다.

  저도 한때 스텐팬을 쓰기만 하면

  스텐 세정제를 동원해 말끔하게 닦는 데에 많은 시간을 들였고,

  닦고 난 뒤의 새것 같은 반짝임에 중독(?)이 되어

티끌 하나 묻어있는 것도 못 봐주던

'세척에 올인' 하던 시기가 있었습니다. ^^

스텐팬을 좀 더 편하게 쓰게 되면 사실

자연적으로 벗어나게 되는 문제긴 하지만,

때로 어떤 분들은 닦는 것 때문에

스트레스까지 받으시는 것 같아 보여요.

저는 조리 도구로서 위생적이기만 하다면

세척은 덜 하면 덜 할수록 좋다고 생각합니다.

미네랄 얼룩이나 물 얼룩 같은 경우는

정말 시간이 지나면 신경이 하나도 안 쓰이게 된답니다.

굳이 세정제 사용해서 닦으실 필요까지 없고요.

첫 세척에서부터 강한 수세미나

세정제를 쓰실 필요는 더더욱 없고요.

'관리' 요까진 없지만 그래도 본래의 광택을 오래 유지하는 건

설거지를 어떻게 하느냐에 달린 것 같아요.

과한 세척은 부드러운 걸로 닦아도 충분할 새 물건에

괜한 흠집만 만들죠.

지나치게 열심히 닦음으로 해서

다시 닦을 뭔가를 만들어 내는 악순환이 계속됩니다.

즉, 흠집이 생기면 그 틈에 때가 끼고,
그 때를 벗기기 위해 점점 더 강한 세척이 필요해지니까요.

과한 세척은 물 낭비, 시간 낭비, 힘 낭비, 게다가
제품을 헐게 한답니다.
늘 말씀드리지만 불 조절을 잘해서
닦을 것이 없도록 만드는 것이 가장 좋습니다.

익숙해지는 동안만 최소한으로
세정제나 강한 도구를 사용하시고요.
편하고 만만하게 쓸 수 있다는 것이 스텐의 장점인 만큼
세척도 편안하게 하실 수 있었으면 해요. ^^

4. 소다와 구연산의 사용 및 주의 사항

스텐 세척에 관한 이야기를 마무리하면서
많은 분들이 활용하시는 소다와 식초 그리고 구연산에 대해
정리를 해 봅니다.

(스테인리스의 세척 요령에 있어서 사실 소다나 구연산이나

세척제의 사용보다 앞서는 것은

'물'과 '시간'의 힘을 적절히 이용하는 것입니다.

빈 팬을 정말 심하게 태운 경우와

아주 오래 찌든 때를 제거하려는 경우를 제외하면,

대부분은 따뜻한 물에 불려 잠시 기다리는 것만으로

세척의 절반 이상이 해결됩니다.

'물과 시간의 힘'으로 안되거나 힘이 들 때,

아래의 차선책들을 적용하는 것이 좋다고 생각합니다.)

– 소다의 활용

1. 가루째 또는 물에 개어 페이스트 상태로 사용합니다.(연마작용)

   : 끈적한 기름때가 앉았을 경우나 일반적인 설거지로 덜 닦여

     광택을 잃은 표면을 되살릴 때 좋습니다.

2. 소다를 물에 녹여 사용합니다.

   : 가볍게 태웠거나 눌은 음식이 있는 냄비에 소다를 녹인 물을 담아

     불린 후 설거지를 하면 힘들이지 않고 쉽게 닦을 수 있습니다.

3. 소다를 녹인 물에 끓입니다.

   : 물 5리터 정도에 소다 두 컵을 넣고 녹인 물에

     스테인리스 제품을 담가서 30분 이상 끓입니다.

(과한 에너지와 시간을 쏟아야 하기에 권장하는 방법은 아닙니다만 심하게 태웠을 때에는 이런 방법도 필요할 수 있습니다.)

소다는 전반적으로 기름기를 잘 제거하는 성질이 있습니다.

그리고 소다는 짙은 농도로 사용해도

스테인리스를 부식시킬 염려가 없으므로

사용량에 특별히 제한을 두지 않습니다.

– 구연산의 활용

1. 1% 구연산수(물 1L, 구연산 1티스푼)로 설거지를 마무리하면
   스테인리스 특유의 광택을 찾고 깨끗해집니다(미네랄 얼룩 제거).

2. 음식을 조리하다 태웠을 경우 2% 구연산수(물 1L, 구연산 2티스푼)
   에 20분 정도 끓여 탄 음식을 제거합니다(자주 하지 말 것).

3. 빈 냄비를 가열하거나 음식을 넣고 오래 태워 갈변된 냄비는
   2% 미만의 구연산수에 담가 30~40분 끓여줍니다(자주 하지 말 것).

그러나, 구연산수의 잦은 사용은 바람직하지 않다고 봅니다.

사용하더라도 2%이하의 농도로만 사용하는 것이 좋을 것 같고요.

무엇보다도 이 용액을 끓일 때에 나오는 증기는

인체(호흡기)에 유해할 수 있으므로 주의를 요합니다.

(살균이나 청소 목적으로 스프레이할 때에도 주의해야 합니다)

그래서, 저는 조심스럽게 사용해야 하는 구연산보다는

식초를 1:5(식초:물)정도로 희석하여 끓이는 방법을 권하겠습니다.

구연산의 효과가 더 좋지만,

농도를 너무 짙게 하거나 이 방법을 남용하면 호흡기에 해롭거나

스텐 표면에 바늘자국 같은 부식을 남길 가능성이 있기 때문입니다.

간단히 다시 정리를 해 보면...

1. 소다는 기름때 제거에 탁월하며

   사용량이나 농도에 제한을 두지 않으므로 마음껏 사용할 수 있습니다.

2. 구연산은 탄 음식물 제거와 갈변을 되돌리는 데에 효과가 좋으나

   농도조절과 사용방법에 주의해서 꼭 필요할 때에만 사용하도록 합니다.

3. 구연산을 정확하게 사용할 자신이 없다면

   식용식초를 사용하는 방법이 일반인에게 더 나을 수 있습니다.

이렇게 세 줄 정도로 요약이 될 것 같습니다.

아무튼, 세척에 있어서 가장 중요한 점은

필요할 때에, 필요한 방법을 최소한으로만 사용하는 것입니다.

세척으로 너무 많은 힘을 빼지 않으시길 바랍니다. ^^

물

불

시계

세척의 기본원칙도 물과 시간과 불의 힘을 이용하는 것!
물에 담가 불려 닦는 것만으로 세척이 훨씬 쉬워지며
정 안 닦일 경우에는 뜨거운 상태에서 닦거나 물을 넣어
끓입니다.

깨끗한
냄비

모든 세척은 위생적인 범위 내에서 덜 할수록 좋습니다.
과잉세척은 과한 흠집을 내서 이물질이 더 잘 끼게 하고
그래서 더욱 강한 힘으로 닦아야 하는 악순환을 만듭니다.

태운
냄비

심하게 태웠을 때 절대 찬물부터 붓지 마세요!
위험 할 뿐더러 냄비가 망가질 수 있습니다.
우선 자연스럽게 식히는 것이 해야 할 일입니다.

주방세제

수세미

철 수세미, 스텐세정제와 같은 강력한 세정도구는
일반세척으로 안 될 때, 꼭 필요할 때만 써야 합니다.
평소에는 부드러운 수세미와 주방 세제, 소다와 식초로
충분합니다.

철수세미

철 수세미 사용 시에는 반드시 결대로 둥글게
문지르되 거울 같은 광택면에는 사용하지 마세요.

초록수세미

초록 수세미는 강력한 연마제를 포함하고 있어
가능한 한 스텐제품에 사용하지 않는 것이 좋습니다.

불과 물과 시간의 관계를 잘 알면 요리도 세척도 쉬워집니다.

불 조절은 냄비와 팬 사용의 모든 것이라고 할 만큼 중요한 키워드입니다.
넘치고, 국물이 튀고, 타고, 눋는 문제들은 불 조절 하나로 해결됩니다.
어떤 세기의 불을 얼마 동안 켜느냐의 문제입니다.

거기에 또 하나의 요소가 바로 물(수분)입니다.
증발하는 수분의 양을 잘 조절해야 맛있는 음식이 됩니다.
재료 자체의 수분을 이용하는 저수분 요리 또한 가능해지고요.

그런데 재미있는 것은 세척의 키워드 또한 똑같다는 점이죠.
실수로 태운 냄비를 성급히 닦으려 하기 보다는
물과 시간의 힘에 맡기는 것이 좋습니다.
여기에 불(가열)을 더하게 되면 더 쉬운 세척이 되는 것이죠.

블링블링
스텐이야기

5

프라이팬 요리
저수분 요리
냄비 요리
스사모 고수들의 솜씨

스텐으로 요리하기

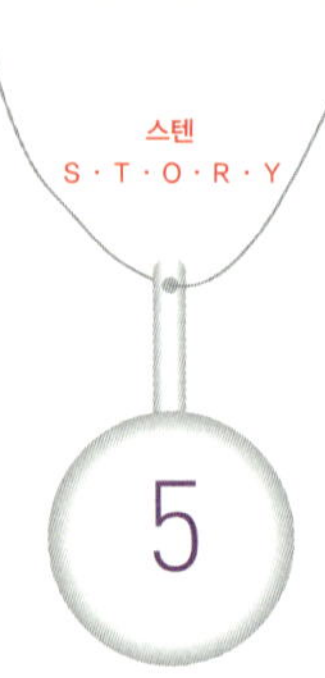

5

스텐으로 요리하기

✷프라이팬 요리

스사모 내부에서 사용자들 사이에 쌓인 오해가 몇 가지 있는데
그 중에 으뜸은 모든 스텐 요리는 예열을 해야 한다는 오해입니다.
예열 이야기로 시작되어 지금까지 가장 중요한 스사모의 이슈이고
그렇기에 아무래도 가장 자세히 다루는 부분이기도 하다보니
스텐 냄비나 프라이팬에는 무조건 예열이 필요하다는 오해가 생겼습
니다.
심지어 국을 끓일 때에도 예열을 하느냐는 질문을 종종 받기도 합니다.

알고 보면, 예열이 꼭 필요한 경우는 되레 한정적입니다.
일부 프라이팬 요리에서만 예열이 필수일 뿐

편하게 요리해도 되는 경우가 의외로 많습니다.

또, 예열의 이유가 반드시 붙지 않도록 하기 위한 것만도 아닙니다.

가장 좋은 예로, 스테이크는 예열을 해야만 맛있습니다.

예열을 하지 않고 구워도 얼마든지 달라붙지 않게 구울 수 있지만요.

양념된 재료를 볶을 때에는 예열을 하면 양념부터 태우기 쉽습니다.

부침개나 생선구이 때처럼 정성들인 예열을 할 필요가 전혀 없고

그냥 자연스럽게 불을 켠 팬에 바로 재료를 넣고 볶으면 됩니다.

기름기가 많지 않은 고기류나 햄 종류를 구울 때에도 예열은 필요 없
습니다.

닭가슴살이나 기름이 적은 돼지고기는 팬이 따뜻해지면 바로 넣어 조
리합니다.

예열을 꼭 해야 하는 요리들은

주로 기름을 사용하는 구이와 부침 요리가 대부분이고

일부 볶음 요리의 경우에 필요한 경우가 있습니다.

그 나머지의 끓이고, 조리고, 찌고 하는 방식의 요리는 예열과 무관합니다.

또한 채소 볶음 같은 경우에도 굳이 예열을 할 필요가 없습니다.

모든 스텐 요리에 예열을 해야 한다는 오해와 부담부터 버리면

스텐 요리가 훨씬 쉽게 다가올 겁니다.^^

⭐저수분 요리

1. 저수분 요리의 개념

재료 자체의 수분이나 최소한만 첨가한 수분으로

약불, 저온 상태로 조리하는 방법.

약한 불로 재료를 익히기만 하는 단순한 방법의 조리여서

하기도 쉽고 재료 고유의 맛을

그대로 살릴 수 있다는 장점이 있습니다.

2. 저수분법의 장점

  – 조리가 간편합니다.

    재료만 준비되고 손질되어 있다면

    '넣는다–뚜껑 덮고 불 켠다' 정도의 수고로

    완성되는 요리가 대부분입니다.

    음식이 익기를 기다리는 동안 다른 일을 할 수 있고

냄비 앞에 서서 볶고 젓고 할 필요가 없는 점은

저수분 요리의 큰 매력 중 하나입니다.

– 저온, 저압, 저수분으로 조리하므로

재료 고유의 색과 맛과 향은 물론 영양분까지 살립니다.

물에 넣어 팔팔 끓일 채소를 물 없이 조리하므로

수용성 비타민을 좀 더 섭취할 수 있기도 하고

본래 기름을 사용해야 하는 요리들을

기름 없이 혹은 극소량의 기름으로 요리하므로

섭취 칼로리를 줄일 수 있습니다.

또한, 재료 본연의 맛을 살리는 조리법이어서

염분도 덜 섭취하게 되니 건강 조리법이라고 할 수 있습니다.

– 손맛과 경험과 솜씨에 맛이 크게 좌우되지 않고

요리에 재주가 없는 사람도 손쉽게 맛있는 음식을 만들 수 있습니다.

들어가는 노력에 비해 결과물이 훌륭해 효율적인 조리 방법이죠.

– 오븐 요리와 같은 간편함을 지녔으면서도 빨리 조리됩니다.

재료를 넣고 기다리면 완성된다는 점이 오븐 요리와 비슷하지만

조리 시간은 훨씬 짧기 때문에 시간 및 에너지 효율 면에서 유리합니다.

3. 저수분 요리는 어렵지 않습니다.

저수분 요리는 쉽고 간편한 요리방법이지만

많은 분들에게 대단한 실력을 요하는

신기한 요리법으로 인식되어 왔습니다.

그 주된 이유는, 특정 제품의 판매를 위한 홈 파티 등에서

바로 그 냄비에서만 가능한 마술 요리법처럼

선전되기 때문인 것 같습니다.

그래서, 이미 갖고 있는 냄비로는

저수분 요리를 할 수 없다고 생각하고

저수분 요리를 위해 따로 냄비를 구입하려 하시죠.

물론, 저수분 요리가 조금 더 용이한 냄비가 있을 수 있습니다.

비싸서가 아니고, 특정 브랜드라서가 아니고

단지 저부순 요리에 조금 더 적합한 구조를 지녔기 때문입니다.

그리고, 덜 적합한 구조의 냄비에서도 저수분 요리는 됩니다.

시연회를 하게 되면 항상 조금은 의외의 사실을 알게 됩니다.

망칠까 겁이 나서(?) 수육을 안 해봤다는 분들이 많으시더라고요.

타거나 냄새가 날까봐, 정말 물 없이 되긴 될까 믿기지 않아서

시도도 못해보셨다고들 하시더군요.

잡채도, ‘그냥 하기도 어려운데 저수분법을 어떻게!’ 하며

두려워하는 분들도 계신 것 같고요.

저수분 요리는 가스불만 켤 줄 알고 재료만 준비돼 있다면

초등학생도 혼자 할 수 있는 정말 쉬운 요리방법입니다.

그래서 제가 이 방법을 좋아합니다.

쉬우면서도 결과물이 보장되니까요^^

요리 솜씨가 좋은 분들은 굳이 저수분법을 안 쓰셔도

다양하고 훌륭한 음식을 해 내시겠지만

혹시 저처럼 부엌일이 늘 낯설고 귀찮은 분이라면

필히 애용해 보세요. 정말로 강력히 추천해 드립니다. ^^

제가 가장 답답하고 안타까울 때가

‘고수들이 하시니 저는 자신이 없어서...’ 라며

‘나중에 내공이 쌓이면 해 보겠다’ 고 말씀하실 때예요.

저수분 요리는 냄비와 물과 불이 알아서 하는 거지

사람이 하는 게 아니기 때문에 솜씨도 필요 없고

내공도 필요 없답니다.

4. 저수분 요리의 두 가지 포인트

저수분 요리의 중요 포인트 첫 번째는
최대한 뚜껑을 열지 않고 조리하는 것입니다.

오븐을 사용해보신 분들은 느껴 볼 기회가 있었을 겁니다.
오븐 요리를 할 때에 문을 자주 열면 요리 시간이 훨씬 길어집니다.
베이킹 중간에 문을 열면 부푼 빵이 폭삭 꺼져버리는 경우도 있죠.

오븐이 오븐 내부의 뜨거운 공기로 음식을 익힌다면
저수분 요리는 냄비 안의 뜨거운 수증기로 음식을 익히는 것입니다.
그래서 둘 다, 문(뚜껑)을 한 번 열면 안의 온도가 급격히 내려가고
다시 문(뚜껑)을 닫은 뒤에 제 온도로 올라가는 데에 시간이 걸립니다.

저수분 요리를 하실 때에 뚜껑을 한 번 열면
전체 조리 시간이 대략 5~10분 가량 길어집니다.

수육의 경우 45분이면 다 익을 고기가
자꾸 열어보면 한 시간이 넘어도 다 안 익어요. ^^;
물론, 맛도 뚜껑을 열지 않고 끝까지 조리한 것보다는 못합니다.

두 번째 포인트는 불 조절입니다.

제가 불을 켜는 것을 보시고
'악! 이게 약불이에요?
그럼 이제까지 제가 쓰던 불은 약불이 아니었네요?'
라고 말씀하시는 분들을 많이 만났습니다.

네, 여러분들이 약불이라고 생각하시는 불이
제 기준으로는 중불 정도에 해당될 것 같아요.
저는 강한 불을 안 쓴 지가 꽤 오래되어서
제가 불을 약하게 쓴다는 자각도 이미 없는 상태였더라고요,.
약불이라고 켜 놓으신 불을 보고 깜짝 놀랐습니다. ㅎㅎㅎ

그러니까, 결론은 저수분 요리가 어려워서 태우는 게 아니라
'여러분의 불이 아직도 강하다' 인 거죠.^^

제가 하도 약불 약불 목 메이게 외치다보니
'모든 음식을 스텐팬과 냄비에서는 약불로만 조리하느냐' 는
오해도 받지만 약불의 강조는 아직도 필요하다는 것을
이번에 다시 느꼈습니다.

'불꽃 몇 센티' 나 '스위치 몇 단' 식으로 약불을 설명하긴 어렵습니다.

집집마다 가스레인지의 화력도 다르고 삼발이의 높이도 다르고

집안의 온도며 통풍 정도도 다르고

쓰시는 냄비의 두께도, 크기도, 열전도율이나 뚜껑의 조건도 다르고

요리할 때마다의 재료의 양이나 덩어리의 크기,

수분 함유 상태도 전부 달라서 정형화해서 이야기할 수가 없답니다.

저수분 요리의 약불을 이렇게 이해하시면 좋습니다.

속까지 익을 동안 겉이 타지 않을 불세기, 그리고

재료의 수분이 냄비 안을 수증기로 채울 동안

밑바닥이 타지 않을 불 세기라고요.

이게 저수분 요리에서의 약불에 대한 가장 정확한 설명입니다.

좀 와 닿을 수 있게 예를 들어 보도록 할게요.

큰 고깃덩어리를 자르지 않고 덩어리째 조리하고 싶다면

같은 양을 작게 잘라서 했을 경우보다 불이 약해야 합니다.

겉이 타지 않으면서 고기 속까지 완전히 익는 데에는

시간이 걸리니까요.

수분 함유가 많은 콩나물이나 숙주 등을 저수분법으로 데친다면

고구마나 감자를 익힐 때보다는 조금 불이 커도 될 겁니다.

잠시의 가열로도 수분이 금세 나오니까요.

오징어나 새우와 같은 해물을 익혀봐도 바로 확인이 됩니다.

오징어나 새우는 정말 아주 얇은 한 겹짜리 냄비에도,

심지어는 뚜껑을 덮지 않아도 물 없이 잘 데쳐질뿐더러

엄청난 수분이 오히려 나옵니다.

불을 좀 세게 한다고 해도 탈 염려는 거의 없겠지요.

역시나, 기름이 아주 많은 삼겹살로 수육을 한다면

사태처럼 기름이 적은 부위로 할 때보다는

불이 조금 세도 괜찮습니다.

육류는 익기 시작하면 수분이 많이 흘러나오는 편이라

중간엔 오히려 불을 좀 키워서 수분을 날려줘야 할 정도가 되지만

맨 처음 시작할 때엔 육즙이 전혀 나와 있지 않은 상태이므로

너무 세지 않은 불에서 시작해야 하겠고요.

잡채의 경우 함께 들어가는 채소의 양이 적다면 불을 조금 더 약하게

반대로 채소를 넉넉하게 넣었을 때에는 상대적으로 조금 세게,

불이 약할 땐 시간은 조금 길어져야 할 테고

불이 조금 세다면 반대로 전체 조리 시간이 좀 단축되겠지요.

저수분 요리의 불 조절에 대해 감이 전혀 없다면
불을 꺼지기 직전까지 낮춰서 해 보세요.
어느 정도 시간이 지나 들여다보았을 때에 익는 속도가 너무 느리면
그때에 약간 올려보는 식으로 불을 조절하신다면
태우는 불상사는 아마 생기지 않을 거예요.^^

5. 저수분 요리를 가능하게 하는 조건

저수분 요리를 할 수 있는 냄비는 따로 있을까요?
아닙니다. 의외로 대부분의 냄비에서 저수분 요리가 됩니다.

물론, 냄비의 조건이 저수분 요리의 성패와 관련이 조금은 있지만
그보다는 요리하는 사람의 요령과 불 조절이 훨씬 크게 좌우합니다.

한때는 특정 냄비에서만 저수분 요리가 되는 걸로
잘못 알려져 있었어요.
아마 지금도 그렇게 알고 그런 냄비를 사지 못해

조바심 난 분들도 있을 겁니다.

그동안 스사모에 올라 온 수많은 후기들이 증명했듯
의외로 저수분 요리는 웬만한 냄비에서 다 할 수 있습니다.
너무 얇거나 뚜껑의 밀폐가 잘 안 되지만 않으면 됩니다
조금 더 쉽게 되고 조금 신경 써 주어야 하고의 차이는 있어도
특별한 냄비나 고가의 냄비에서만 되는 게 아니라는 사실은
이미 많은 분들이 경험한 사실이기도 하고요. ^^

6. 저수분 요리의 의미는 그리고 범위는?

저수분 요리라는 말은 사실상 정확히 들어맞는 표현은 아닙니다.
수분을 소량만 넣거나 자체수분으로 조리하는 방법이긴 한데
'저수분 볶음밥' 같은 경우는 저수분 요리라기보다는
사실 저유 요리입니다.
기름에 볶지 않고 마치 찌듯이 하는 거니까요.
어쩌면 '셀프 베이스팅(self-basting)' 이 가장 유사한 의미를
지난 것도 같습니다.
베이스팅이란 서양요리에서 주로 고기를 구울 때에

마르지 않도록 기름이나 육수 등을 끼얹어 주는 것을 말하거든요.

기름이나 수분을 첨가하지 않고 뚜껑에 맺힌 수분이

도로 음식으로 떨어져 스스로 촉촉하게 구워지게 하는 것이

셀프 베이스팅이고요.

그리고 이따금 국을 저수분 요리로 할 수 있는지 묻기도 하시는데

저수분 요리란 재료에도 물이 안 들어가고 결과물에도

수분(국물)이 없는 요리,

원래 물에 삶거나 쪄야 하는 조리 과정을 빼고 하는 요리,

이 정도를 뜻한다고 보기 때문에

국을 저수분으로 요리할 수는 없겠지요. ^^;;

국에서 국물을 빼면 그 음식은 이미 국이 아니니까요.

요리과정 중에 원래 국수를 물에 풍덩 넣어 삶는데 그러지 않았기에,

채소류를 물을 끓여 데쳐야 하는데 그러지 않았기에,

물에 향신 채소를 넣고 푹푹 삶아 수육을 만드는데 그러지 않았기에,

물을 첨가하지 않고 조림요리나 소스 등을 만들 때에,

즉 음식의 조리 과정에 손을 거의 대지 않으면서

처음부터 끝까지 대체로 약불에 서서히 조리하여

음식 자체의 맛과 영양소를 살리는 방법을 저수분 요리라고 부르므로

저수분 요리의 범위는 한정적일 수밖에 없습니다.

이제 저수분 요리에 대해 감을 잡으셨나요?

어렵지 않다는 걸 믿으시겠어요?

하하~ 제발 믿어주세요~ ^^

7. 저수분 요리법의 응용

저수분 요리 방법은 평소 자주 하는 요리에도 적용할 수가 있습니다.

처음부터 끝까지 저수분 요리를 하지 않더라도 말입니다.

– 음식을 데울 때

명절에 잔뜩 부쳐 냉동해 두었던 전이라든가

어제 저녁에 먹고 남아 냉장고에 보관한 잡채

이렇게 기름에 볶거나 부친 음식들을 다시 데워먹을 때

보통은 프라이팬에 기름을 두르고 하는 분들이 많습니다.

저수분 요리를 살짝 응용해서 이런 음식들을 데우면

기름을 추가할 필요도 없고 훨씬 맛있게 데워집니다.

전은 냉동 상태 혹은 냉장 상태 그대로 팬에 올립니다.

그리고, 팬 크기에 맞는 뚜껑을 덮습니다.

약한 불을 켜고 기다립니다.

맛있는 냄새가 나면 한 번 뒤집어서 데우고요.

이렇게 뚜껑을 덮은 상태로 식은 전을 데우면

속에 있는 수분은 빠져나오지 않고

겉은 팬 표면에 구워지기 때문에

촉촉하면서도 알맞게 바삭한 전을 먹을 수 있습니다.

전자레인지에 휙~ 돌린 것과는 더더욱 맛에서 차이가 납니다.

잡채도 마찬가지입니다.

절대 기름을 추가할 필요가 없습니다.

만약 조금 마른 듯하다면, 물을 한두 숟가락 첨가하세요.

역시 뚜껑을 덮고 아주 작은 불에서 데웁니다.

중간에 한 번 뒤적여주면 골고루 가열됩니다.

방금 볶아낸 듯한 탱글탱글하면서 따끈한 잡채를 드실 수 있습니다.

전이나 잡채가 아니더라도 냉장고에 넣었던 음식을 데울 때

뚜껑을 덮고 아주 약한 불로 가열하는 방법을 꼭 써 보세요.

금방 만든 것과 거의 유사한 맛을 재현하실 수 있으니까요. ^^

–조림/볶음 요리를 할 때

무나물처럼 수분이 많은 채소 요리나

국물을 넉넉히 부어 팔팔 끓이던 조림 요리들을

조금 방법을 바꾸어 저수분식으로 해 보세요.

평소와 달라지는 점은, 물을 안 넣거나 덜 넣고

뚜껑을 사용하면서 불을 약하게 줄이는 것입니다.

또, 볶음 요리를 할 때에도 마찬가지로

재료를 넣고 뚜껑을 덮어 재료가 한숨 죽기를 기다려보세요.

음식 냄새가 올라올 때 뚜껑을 열고 한 번 뒤적여만 주면

팔 아프게 지켜서서 계속 뒤적여야 하는 볶음 요리가 훨씬 쉬워집니다.

불을 너무 세게 쓰는 습관이 있는 분들이 참 많은데요

불이 작다고 요리가 되지 않는 것이 아님을 꼭 느껴보시길 바랍니다.

뚜껑을 덮으면 불 크기를 3분의 1로 줄여도 음식은 잘 익습니다.

괜히 집안 공기 오염되고 연료 낭비되게

불을 활활 크게 켤 필요가 없는 음식이 아주 많다는 점

잊지 마시고 요리할 때 다양하게 응용해 보시길 바랍니다.

⭐냄비 밥

냄비 밥을 하는 방법은 아주 다양합니다.

은근한 불에 오래오래 하는 방법도 있고,

중간에 불을 껐다가 다시 켜는 방법도 있고

기분에 따라 입맛에 따라 씻어놓은 쌀이 있느냐 없느냐에 따라

여러 방법으로 냄비 밥을 할 수 있습니다.

아래에 대표적으로 소개하는 방법은

아무 때나 간편하게 써먹을 수 있는 방법입니다.

빨리빨리 하려고 우연히 한번 해보자~ 한 거였는데

의외로 괜찮은 방법인 것 같아 정리해봤습니다.

1. 빠른 냄비 밥 하는 방법

① 쌀은 금방 씻은 쌀, 씻어서 물기 완전히 빼 놓은 쌀

아무거나 괜찮습니다.

2. 밥물(쌀 위로 1cm 내외)을 맞추고 뚜껑 없이 센 불에 냄비를 올립니다.

3. 잠시 후에 팔팔 끓으면 숟가락으로 밥을 한차례 섞어주고

계속 센 불에 끓입니다.

4. 물이 거의 안보일 정도로 자작자작해졌을 때에

숟가락으로 한번 더 섞어줍니다.

5. 불을 아주 약하게 줄이고 뚜껑을 덮습니다.

6. 이대로 10~15분쯤 경과해서 맛있는 밥 냄새가 나면 완성~

2. 밥물 맞추기의 요령

냄비 밥이 어려운 이유중 하나가 밥물 맞추기 때문이라 생각해요

보통 '쌀 : 물'이 '1 : 1'이라든가 '1 : 1.1'이라든가 하는

설명들이 있는데 저 같은 경우,

요리할 때에 정확히 계량을 하는 스타일이 아닌 데다가

쌀의 상태에 따라 물을 더 먹는 쌀도 있고 그렇지 않은 쌀도 있어서

밥물을 딱 이거다~ 하고 숫자로 나타내기에는 좀 무리라고 느껴요.

햅쌀은 물을 적게, 묵은 쌀은 좀 넉넉히 넣어야 하기 때문에

쌀을 새로 사면 처음 몇 두세 번은 밥물을 조절하면서 관찰을 합니다.

그러면 그 쌀에 딱 알맞은 물의 양을 알게 되더라고요.

쌀 위로 물이 1cm 올라오도록 하는 것을 기준으로 삼되

쌀의 상태와 진밥/고슬밥의 선호도에 따라 조절하는 거죠.

여러분들도 드시고 계신 쌀에 딱 알맞은 물의 양을 한번 찾아보세요.

3. 끓이는 시간과 뚜껑으로 밥물 2차 조절하기

만약, 이미 물을 부어 끓기 시작했는데 물 양이 안 맞았다면

결코 낙담할 필요가 없고 끓이는 시간을 조절하면 됩니다.

물이 많았다 싶으면 자작해질 때까지 뚜껑이 열린 채로 하고

물이 모자라나 싶으면 뚜껑을 좀 일찍 닫으면 됩니다.

즉, 수증기로 날리는 물의 양을 조절하는 것으로

맨 처음에 잡은 물의 양을 약간 수정할 수가 있습니다.^^

끓기 시작하는 데에 (양에 따라 다르겠지만) 5분 내외

끓기 시작해서 자작해지는 데에 다시 5분 내외

그리고 뚜껑 덮고 약불로 마무리하는 데에 10분 남짓

이 정도의 시간이 걸리므로 급히 밥을 해야 할 때에 좋은 방법입니다.

그리고 쌀이 한번 확~ 끓었기 때문인지

밥이 상당히 고슬고슬하면서도 푹 잘 익습니다.^^

처음에 센 불에 밥을 안치고 나서 돌아다니실 게 아니면

뚜껑을 덮어서 끓기를 기다리시면 시간이 더 단축되고요.

다만, 뚜껑 덮어놓은 채로 깜박했다 넘치면 낭패니

정신 바짝 차리셔야 합니다. ^^

처음부터 끝까지 약불에 마냥 놔두는 제가 기존에 쓰던 방법은

불리지 않은 쌀로 신경 쓰지 않고 느긋하게 하면서

다른 음식도 몇 가지 동시에 해내야 할 때에 좋고요.

이 방법은 반찬 준비는 거의 다 되었는데

급하게 밥을 지어야 할 때에 좋더군요.

(밥 다된 줄 알고 수저 놓고 반찬 꺼내고 상 차렸는데

냄비에 생쌀 들어있을 때에 한번 써먹어 보시길. ㅎㅎ)

달걀 프라이

r · e · c · i · p · e

- 예열하지 않고 하기 : 팬에 기름을 넣고 넓게 펴 준 뒤에 달걀을 깨뜨려 넣고 불을 켠다. 약불~중불 사이를 유지한다.
- 정석 예열법으로 하기(130p 참조)
  바삭한 프라이를 할 때에 알맞다. 기름을 넣고 기다리는 시간을 조금 길게 한다.
- 간단 예열법으로 하기(131p 참조)
  부드러운 프라이를 할 때에 알맞다.

important | Tip

1. 달걀 프라이는 가장 간단해 보이지만, 흰자의 점성과 예민함 때문에 스텐팬 연습용 요리로는 적합하지 않다.
2. 참기름이나 들기름 혹은 버터를 이용하면 훨씬 수월하게 할 수 있다.

스크램블드에그

재료 : 달걀 5개, 우유 50mL, 소금, 후추
       (설탕 눈꼽 만큼 - 달걀 비린내 제거용), 식용유
분량 : 4인분(28웍)
조리 시간 : 10분

r · e · c · i · p · e

1. 달걀을 볼에 깨뜨려 넣고 우유와 잘 섞어서 소금과 후추로 간을 한다.

2. 28웍을 정석 예열법으로 예열한다.

3. 중불 상태에서 기름에 결이 보일 때 달걀물을 웍에 붓는다.

4. 10~15초를 기다려 바닥면이 살짝 익으면 젓가락으로 재빠르게 뒤적여
   볶다가 다시 잠시 멈추었다가 볶는 것을 반복한다.
   ↳ 달걀물을 넣자마자 섞으면 깨끗하고 매끈하게 볶아지지 않고 지저분
      하니 반드시 처음 10초 정도는 기다릴 것.

5. 전체적으로 90% 정도 익었을 때에 불을 끈다.
   ↳ 너무 오래 볶으면 식감이 덜 부드럽다. 약간 덜 익은 상태에서 불을
      끄는 편이 좋다.

important | Tip

볶음밥에 넣을 용도로 자잘하게 볶고자 할 때에는 레시피에서 우유를 뺀
다. 또한 계란물을 한꺼번에 웍에 붓지 말고 두세 차례에 나누어 조금씩
볶아내면 자잘한 달걀볶음이 된다. 또한, 많이 빨리 뒤적일수록 자잘하게
볶아진다.

달걀말이

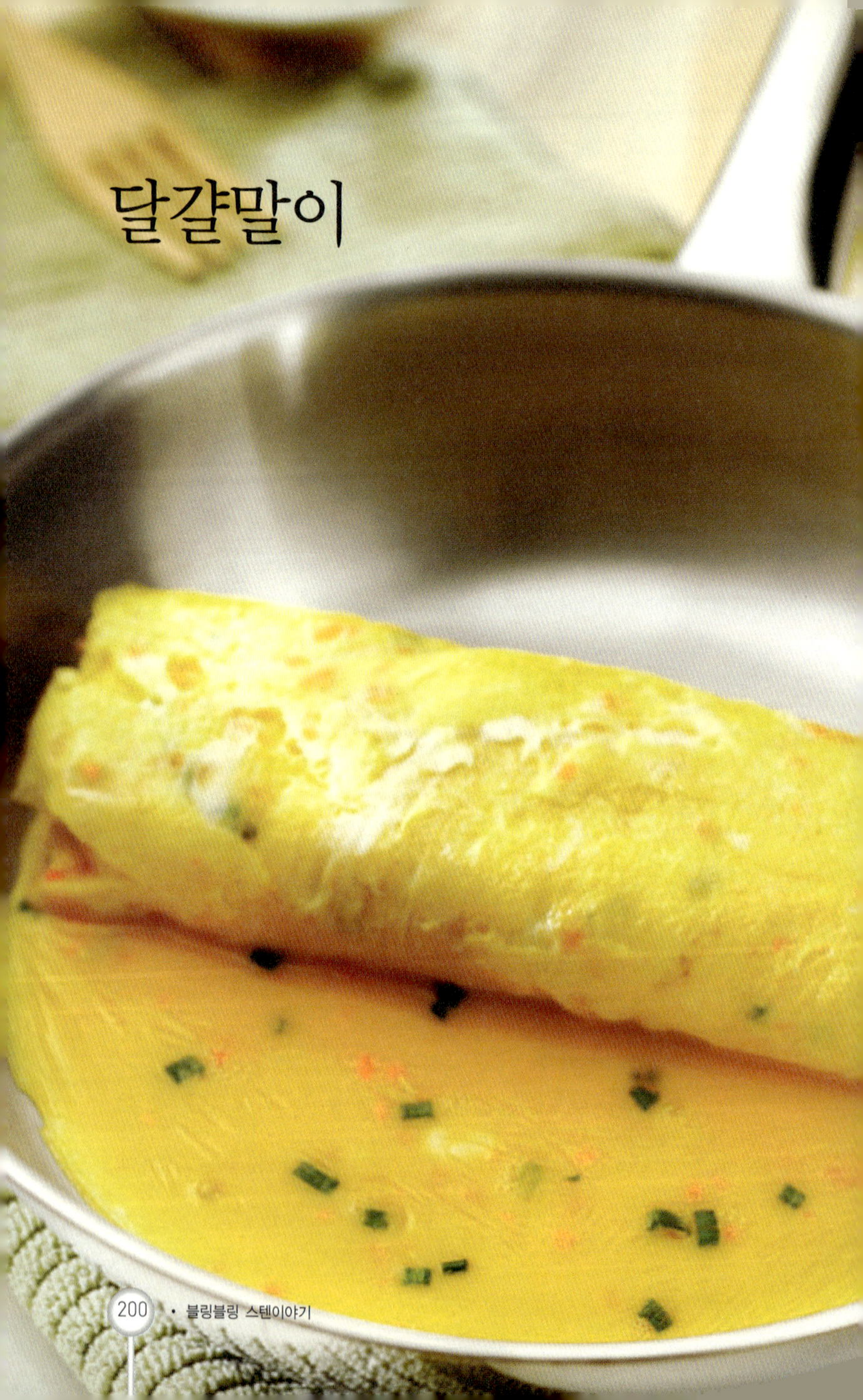

재료 : 달걀 5개, 소금, 후추(설탕 눈꼽 만큼 – 달걀비린내
　　　제거용),식용유
분량 : 4인분(28팬, 도톰하게 만들려면 24팬 사용)
조리 시간 : 15분

r · e · c · i · p · e

1. 달걀을 볼에 깨뜨려 넣고 잘 섞어서 소금과 후추로 간을 한다.

2. 28팬을 정석 예열법으로 예열한 후 약불 상태에서 기름에 결이 보일 때
에 달걀 물을 얇게 팬 바닥에 깔릴 정도 붓는다.
　┗ 한 번에 붓는 양은 팬 바닥에 얇게 깔리는 정도로 하여 전체 달걀 물
　　을 6~7회 정도로 나누어 붓는다고 생각하면 된다.

3. 윗면이 다 익기 전에 뒤집개와 젓가락을 이용해 달걀을 한 방향으로 만다.
　┗ 윗면이 익은 상태에서 말면 나중에 달걀말이가 떨어져 풀리게 되므로
　　신속히 말아야 한다.

4. 빈 공간에 달걀 물을 다시 조금 붓고 3번을 반복한다. 남은 달걀 물도 같
은 방식으로 한다.

5. 전부 말았으면 불을 끄고 2~3분 뚜껑을 덮어 놓는다.
　┗ 혹시 덜 익은 부분이 있다면 익히기 위해

important | Tip

달걀말이나 지단이 잘 되게 하려면 달걀을 깨뜨려 섞을 때에 식초를 조금
넣어준다. 식초의 산이 계란 단백질을 응고시켜 잘 찢어지지 않도록 한다.

두부부침

r · e · c · i · p · e

1. 두부는 적당한 크기로 자르고 소금을 살짝 뿌려 물을 빼 둔다.
2. 팬은 정석 예열법으로 예열한 뒤 중불 정도를 유지하며 기름 결이 확실히 나타나기를 기다린다.
   ↳ 두부는 비교적 센 불에서 짧은 시간에 조리하면 좋다.
3. 남은 물기를 제거한 두부를 한 조각 넣어보고 붙지 않으면 나머지 조각을 넣는다. 붙었을 경우 그대로 두고 30~40초 후에 두 번째 조각을 넣어본다. (붙지 않으면 나머지를 다 넣음.)
   ↳ 포인트는 한 조각씩 시차를 넣어 어느 정도 붙는지, 미끄러지는지 관찰하면서 예열이 잘 된 시점을 찾아내는 것.
4. 약 1분 뒤 바닥면이 노랗게 익으면 두부를 뒤집어 준다.
   처음에 넣은 조각도 이때쯤이면 절로 떨어지게 된다.
5. 1분 후 불을 끈다.

important | Tip

1. 푼 계란이나 밀가루를 묻히면 더 쉽게 부칠 수 있다.
2. 두부부침은 약한 불에서 하면 물이 흘러나와 노릇하게 익기 힘들므로 반드시 중불 이상의 비교적 강한 불에서 재빨리 구워내는 것이 좋다.

생선구이

재료 : 고등어(대) 1마리(3토막) 또는 갈치 4토막
　　　또는 굴비(소) 4마리, 식용유
분량 : 4인분, 28프라이팬
조리 시간 : 15분

r · e · c · i · p · e

1. 생선을 물에 씻어 키친 타월로 물기를 잘 제거해 놓고, 28팬은 정석 예열 법으로 예열한다.
2. 중불 상태에서 기름에 결이 보일 때에 생선을 껍질이 바닥으로 가게 넣고 뚜껑을 살짝 열리도록 덮는다.
   ↳ 뚜껑으로 생선의 수분을 조절한다. 완전히 덮으면 좀 더 촉촉한 생선 구이가, 살짝 열리게 덮으면 적당하게 바삭한 생선구이가 된다. 또한 뚜껑을 덮으면 가열 시간이 짧아진다.
3. 중불에서 2분 후 약불로 줄이고 3분 후 뒤집는다.
4. 뒤집은 후 3분 더 굽는다. 뚜껑은 계속 조금 틈이 있도록 덮어 둔다.
5. 불을 끄고 2~3분 뚜껑을 덮어 놓는다.

important | Tip

1. 갈치는 수분을 제거한 뒤에 밀가루를 입혀 굽는다. 촉촉하고 부드러운 구이를 원하면 뚜껑을 사용하고, 바삭한 구이를 원하면 뚜껑 덮는 시간을 줄이거나 덮지 않는다. 기름기가 적은 생선은 뚜껑을 덮고 구워야 더 부드럽고 맛있다.
2. 생선은 높은 온도에서 비교적 오래 굽는 요리인데, 팬을 태우기 쉬우므로 가능한 한 생선 크기에 맞는 팬을 사용하는 것이 좋다.

호떡

r · e · c · i · p · e

1. 볼에 호떡믹스 한 봉지(416g)와 이스트 4g, 40도의 물 280mL를 넣고 가루가 보이지 않도록 주걱으로 5분 정도 반죽한다.
2. 팬은 정석 예열법으로 예열한 뒤 약불을 유지하며 기름결이 확실히 나타나기를 기다린다.
3. 손바닥에 식용유를 바르고 반죽을 70g 정도로 분할하여 호떡소를 넣고 잘 오므려 준다.
4. 예열이 되어있던 프라이팬에 3번의 반죽을 오므린 부분이 아래로 가도록 올려놓고 약 10초 정도 굽다가 뒤집는다.
5. 뒤집개로 눌러준 후 옅은 갈색이 될 때까지 2~3분 뒤집어가면서 굽는다.

important | Tip

호떡은 어떻게 해도 실패하지 않는, 쉬운 스텐팬 요리 중에서도 가장 쉬운 요리다. 아이들과 함께 호떡을 반죽해서 구워보면서 스텐팬과 친해지도록 해 보자.

밥전

r·e·c·i·p·e

1. 채소와 햄은 잘게 썬다.

2. 식은 밥과 썬 재료와 피자치즈를 볼에 넣는다.

3. 계란을 넣고 소금과 후추로 간을 하여 잘 섞어준다.

4. 예열된 팬에 한 숟가락씩 넣고 부친다.

important | Tip

모양 잡기가 어렵다면 약간의 밀가루나 부침가루를 첨가한다.
먹다 남은 볶음밥이나 잡채, 만두 등을 활용하여 더 손쉽게 만들 수 있다.

팬케이크

r · e · c · i · p · e

1. 프라이팬을 약불 위에 올려놓는다.
2. 볼에 달걀부터 거품기로 잘 풀어준 뒤 우유를 넣고 잘 섞고, 팬케익가루를 넣고 가루가 보이지 않을 때까지 저어준다.
3. 예열된 팬에 기름을 조금 넣고 키친타월로 한 번 닦아준다.
4. 반죽을 한 국자 팬에 떠 넣고 표면에 기포가 올라올 때까지 기다린다.
5. 표면에 기포가 많이 나타날 때에 뒤집개로 뒤집어 옅은 갈색이 될 때까지 굽는다.

important | Tip

팬케익은 기름을 두른 후에 여분의 기름을 닦아내고 해야 깨끗하게 부쳐진다. 반죽을 너무 천천히 넣으면 바닥면의 색깔이 고르지 않으니 한 번에 부어준다. 완성된 팬케익은 시럽이나 생크림, 아이스크림이나 과일을 곁들여 먹는다.

스테이크

재료 : 쇠고기 등심 또는 안심 150g짜리 4장, 소금, 후추
　　　(취향에 따라 포도씨유, 올리브유나 스테이크 소스
　　　등), 아스파라거스, 당근, 양송이 등 가니쉬 재료
분량(도구) : 4인분(28프라이팬)
조리 시간 : 20분

r · e · c · i · p · e

1. 스테이크 고기는 포도씨유에 재워두거나 원하는 양념에 재워둔다.

2. 프라이팬을 강불로 2분 가열한다.

   ┗ 달라붙지 않기 때문에 식히는 과정은 필요 없다. 팬 표면이 매우 뜨거
   워서 고기가 닿자마자 치익 소리를 내며 익기 시작하는 정도의 온도이
   면 된다.

3. 스테이크 고기를 넣어 약 40초 정도 바닥면을 익혀 고기가 떨어지면 뒤
   집어 반대쪽을 30초 더 익히고 불을 끈다.

4. 뚜껑을 덮어 속을 익히는데 미디움을 원하는 경우 약 1분 뒤에 고기를 꺼
   내면 된다(고기 두께에 따라 시간 조절).

5. 취향에 따라 소금과 후추 또는 스테이크 소스를 뿌려 먹는다.

important | Tip

다 구워진 스테이크는 더 이상 익지 않는 온도(차갑게 식지 않을 정도의
보온 상태)에서 약 10~20분간 휴지기를 두었다가 먹으면 훨씬 부드럽다.
스텐팬 표면의 높은 온도로 인해 고기를 더 빨리 맛있게 구울 수 있다.

 블링블링 스텐이야기

재료 : 버터 1큰술, 다진양파 3큰술, 또띠야 2~3장, 양송
        이 3개, 피자치즈 1/2컵, 토마토페이스트 2큰술, 닭
        가슴살 한 덩어리
분량 : 4인분
조리 시간 : 30분

r · e · c · i · p · e

1. 약불을 켜고 냄비에 버터를 녹인 후에 냄비에 다진 양파를 넣어 볶는다.

2. 한입 크기로 썬 닭가슴살과 토마토페이스트를 넣고 볶아 수분을 날린다.

3. 팬에 손으로 대충 찢은 또띠야 조각을 2~3겹으로 깔고 2번을 얹는다.

4. 피자치즈를 위에 골고루 뿌려 180도로 예열된 오븐에서 20분 굽는다.

important | Tip

바닥에 까는 피자도우 대용으로 또띠야뿐 아니라 떡국 떡이나 찬밥을 활
용해도 좋다.

찹쌀케익
난이도 ★☆

재료 : 찹쌀가루 500g, 달걀 1개, 우유 200mL, 콩배기, 팥
　　　 배기, 완두배기 각 70g씩, 호박씨, 해바라기씨, 아몬
　　　 드 슬라이스 각 50g씩, 호두, 잣, 건포도 약간씩
분량 : 4인분
조리 시간 : 30분

r · e · c · i · p · e

1. 볼에 찹쌀가루와 우유, 달걀을 넣고 거품기로 섞는다.

2. 팥배기, 콩배기, 완두배기를 1번에 넣는다.

3. 호박씨 아몬드 슬라이스, 해바라기씨를 절반 분량만 넣고 거품기로 섞는다.

4. 미리 예열해서 기름을 넣은 위 키친타월로 닦아 낸 프라이팬에 반죽을 붓
   고 남겨놓은 견과류를 위에 뿌린다.

5. 프라이팬 뚜껑을 덮고 중약불에서 20분 굽는다.

6. 찹쌀떡이 부풀어오르면 뒤집어서 5~7분 정도 더 굽는다.

7. 도마에 올려놓고 잠시 식힌 뒤에 먹기 좋은 크기로 썬다.

important | Tip

찹쌀가루를 반죽할 때에 우유를 한꺼번에 붓지 마시고 농도를 보아 가며
조절한다.
반죽이 너무 묽으면 나중에 식어도 늘어지므로 반죽은 최대한 되직하게
한다.

식빵

재료 : 강력분 300g, 우유 120mL, 인스턴트 드라이이스
      트 6g, 버터 25g, 설탕 30g, 소금 5g
분량 : 2인분
조리 시간 : 30분

r·e·c·i·p·e

1. 설탕, 소금, 이스트가 서로 닿지 않도록 밀가루와 함께 주의해서 볼에 담고 섞어준다.
2. 미지근한 물과 우유를 볼에 넣고 반죽이 한 덩어리로 뭉쳐지면 버터를 넣고 30분 이상 힘껏 치대 글루텐이 생성되도록 한다(반죽기 사용 시 약 15분 내외).
3. 반죽을 둥근 덩어리로 만들어 볼에 담고 랩을 씌운 뒤 따뜻하고 습한 곳에서 한 시간 정도 1차 발효를 한다.
4. 발효된 반죽은 손으로 눌러가며 가스를 뺀 뒤 삼등분해서 둥글리기한 후 볼에 담아 랩을 덮고 15분 정도 중간 발효(벤치 타임)를 한다.
5. 중간 발효까지 끝난 반죽을 밀대로 밀어 6 등분하여 식빵 모양으로 성형하고 틀에 담아 랩을 덮고 40~50분간 2차 발효한다.
6. 175~180도로 예열해 둔 오븐에서 20~30분간 굽는다.
7. 완성되어 나온 식빵 윗부분에 달걀물이나 버터를 발라 2분만 더 구워주면 완성.

important | Tip

1차 발효를 할 때에 따뜻한 물을 담은 볼에 반죽그릇을 담으면 발효가 더욱 잘 된다.

저수분 볶음밥

재료 : 밥 600g(두공기), 호박 80g, 당근 20g, 양파 50g,
　　　햄 50g, 소금, 후추
분량(도구) : 4인분(28웍)
조리 시간 : 30분

r · e · c · i · p · e

1. 호박, 당근, 양파, 햄은 잘게 썰어 놓는다.

　　└ 찬밥을 넣는다면 재료를 평소보다 크게 썰고 더운밥을 넣는다면 재료
　　　를 작게 썬다.

2. 28cm 웍에 준비한 재료를 넣고 뚜껑을 덮는다.

3. 약불을 켜고 10분간 익힌다.

　　└ 김이 나면서 익는 냄새가 나면 익었다는 신호이다.

4. 뚜껑을 열고 밥을 넣어 골고루 섞어 준다.

　　└ 찬밥이라면 2의 단계에서 밑재료 위에 찬밥을 넣고 같이 익힌다.

5 소금간을 하고 기호에 따라 후추, 참기름을 넣는다.

important | Tip

냉동시켜 둔 밥으로 할 때에는 재료를 좀 더 굵직굵직하게 썬다. 즉, 언
밥이 녹고 따뜻해지는 시간과 부재료가 익는 시간이 비슷해지도록 크기
를 조절할 것.

저수분 수육

재료 : 마늘, 대파, 양파, 돼지고기(목살/삼겹살 등) 한근
　　　반, 고구마 3개, 감자 3개
분량(도구) : 5~6인분(28웍)
조리 시간 : 45분~50분(감자의 크기에 따라 시간 조절)

저수분 요리

r · e · c · i · p · e

1. 돼지고기는 취향에 따라 기름진 부위를 좋아하면 삼겹살을, 그렇지 않으면 목살을 선택해 감자크기 정도로 자른다(한근 반일 때 6등분 정도).

2. 고구마와 감자는 껍질째 깨끗이 씻어둔다.

3. 고기와 감자 고구마를 웍에 넣어 준다.
   ↳ 가능하면 고기의 기름 부위가 웍 바닥에 가면 좋다.

4. 뚜껑을 덮고 약불로 45분 가열한다.
   ↳ 중간에 뚜껑을 열어보지 않는 것이 좋다. 뚜껑을 열어보면 조리 시간
   　이 길어진다.

5. 감자를 찔러보아 다 익었으면 완성.

important | Tip

수육이 완성되면 즉시 꺼내지 말고 불을 끈 채 냄비에 15~20분 정도 두었다가 꺼내어 썬다. 육즙이 고기 전체에 고루 퍼져 바로 먹는 것보다 훨씬 부드럽고 맛있다.

저수분 잡채

재료 : 당면 120그램, 당근 1/3개, 양파 1개, 느타리버섯
　　　한 줌, 말린 표고버섯 3장, 쇠고기 150g, 시금치
　　　반단, 양념(간장 4큰술, 설탕 2큰술, 다진마늘 1큰
　　　술, 후추), 통깨, 참기름, 소금
분량(도구) : 4인분(28웍)
조리 시간 : 25분

r · e · c · i · p · e

1. 당면은 15cm 정도 길이로 잘라 미리 찬물에 3시간 불려놓고 당근과 양파
   는 채썰고 쇠고기와 불려 채썬 표고버섯은 간장양념 한술과 참기름을 약
   간 넣어 무쳐놓는다.
2. 웍에 쇠고기와 표고버섯을 먼저 바닥에 넣고 그 위로는 당면과 채소(시금
   치 제외)를 번갈아 한 켜씩 넣어주면서 중간에 살짝씩만 소금을 뿌린다.
   ↳ 전통적으로 잡채를 만들 때에 부재료에 밑간을 하는 것을 생각해서 소
   　금을 넣는 것임.
3. 뚜껑을 덮은 뒤 약불을 켜서 20분 가열한다.
   ↳ 물을 반 컵 넣으면 중약불로 불 크기를 조금 크게 하고 대신 시간을
   　줄이는 것도 가능하다.
4. 당면이 투명하게 익어가는 것이 보이면 뚜껑을 열고 시금치를 넣은 뒤 3
   분 더 가열한다.
5. 불을 끄고 남은 간장양념을 덜어 넣어가며 무쳐서 완성한다.
   ↳ 소금간을 했기에 간장양념은 한꺼번에 다 넣지 말고 간을 보며 조절한다.

important | Tip

마지막에 넣는 시금치(녹색 채소)는 뜨거운 잡채와 버무리는 것만으로도
충분히 익는다. 너무 미리 넣어 색이 칙칙해지지 않도록 주의한다.

저유 치킨

r · e · c · i · p · e

1. 닭 날개는 우유에 30분 정도 담가두었다가 건져 체에 밭쳐둔다.

2. 다진 마늘과 소금, 후추를 닭 날개에 문지르듯 버무려 재워둔다.

3. 튀김가루와 카레가루를 섞어 넣은 비닐봉지에 2번의 닭 날개를 넣어 골고루 묻혀준다.

4. 스텐 냄비나 프라이팬에 바닥에 깔릴 정도의 기름을 넣는다(1cm 이하).

5. 닭 날개를 넣고 뚜껑을 덮은 후 중약불로 7분 정도 익힌다.

6. 뚜껑을 열고 한 번 뒤집어 준 후에 뚜껑을 다시 덮고 5분간 더 익히다가 마지막에 불을 조금 올려서 1~2분 더 튀겨준다.

important | Tip

좀 더 바삭한 맛을 원한다면 튀김가루에 전분을 조금 섞어주면 된다. 닭 날개가 아닌 닭 한 마리를 잘라서 한다면 가열 시간을 뒤집기 전, 후 각각 2~3분 정도 늘려주어야 한다.

저유 폭커틀릿(돈가스)

재료 : 돼지안심 200g짜리 두 장, 빵가루 한 컵 반, 달걀
       1개, 소금, 후추, 밀가루, 바질(말린 것), 식용유, 돈
       가스 소스
분량 : 2인분
조리 시간 : 30분

r · e · c · i · p · e

1. 돼지고기는 칼등으로 두드려 부드럽게 한 뒤에 소금, 후추, 바질을 뿌려 밑간을 한다.
2. 고기에 밀가루를 얇게 입혀 계란물을 묻힌다.
3. 계란물 묻힌 고기에 빵가루를 꼭꼭 눌러 묻히고 여분은 털어준다.
4. 넓은 전골냄비나 뚜껑이 있는 프라이팬에 약 1cm의 기름을 넣고 빵가루를 묻힌 고기를 가지런히 넣는다.
5. 뚜껑을 덮고 불을 중불로 켠 후 기름이 끓는 소리가 들리면 불을 약간 낮춰준다.
6. 아랫면이 갈색으로 익었을 때 뚜껑을 열고 뒤집어 다른 면을 마저 익힌다.
7. 다 튀겨진 고기는 잠시 기름이 빠지게 두었다가 접시에 담고 소스, 곁들이 채소 등과 함께 낸다.

important | Tip

기름을 예열한 뒤에 튀겨도 되지만, 찬 기름에 넣고 해도 바삭하게 된다. 처음에는 중불로 했다가 기름의 온도가 오르면 조금 줄여 약불로 유지, 뒤집은 후 맨 마지막에는 불을 다시 중불로 올려 수분을 날려주는 것이 식감을 바삭하게 만드는 요령이다.

영양솥밥

r · e · c · i · p · e

1. 쌀과 찹쌀은 깨끗이 씻어 물에 각각 불린 후 체에 밭쳐 놓는다.

2. 콩, 대추, 표고버섯도 각각 씻어서 불린다.

3. 표고버섯은 기둥을 떼 낸 후 채 썰고 밤은 껍질을 벗겨 반으로 썰고, 대추는 씨를 뺀 뒤 적절히 썬다.

4. 두꺼운 냄비에 쌀, 찹쌀, 물, 콩, 표고버섯, 밤을 넣고 중불에서 팔팔 끓인다.

5. 물이 잦아들면 불을 약하게 줄이고 은행과 잣, 대추를 얹고 뚜껑을 덮은 뒤 10분 정도 더 둔다.

6. 불을 끄고 10분 정도 뜸을 들인 뒤 으깨지지 않도록 주의하며 고루 섞어 담아낸다.

important | Tip

빠른 시간 안에 밥을 지으려면 압력솥을 이용하는데, 이때에는 물의 양을 약간 줄여주는 것이 좋다.

김치유부우동

r·e·c·i·p·e

1. 멸치다시마 육수를 냄비에 넣고 끓인다.

2. 유부는 적당한 크기로 썰어 뜨거운 물로 기름기를 제거해 둔다.

3. 끓는 육수에 썰어 놓은 김치(국물)와 유부를 넣는다.

4. 우동면을 넣고 계속 끓이면서 소금과 참치액으로 나머지 간을 맞춘다.

5. 실파와 쑥갓, 맛살 두어조각을 얹고 잠시 후에 불을 끈다.

important | Tip

기본 간은 김칫국물로 한 뒤 참치액과 소금으로 나머지 간을 하되 참치액
이 없을 경우 간장으로 대신한다. 참치액이나 간장은 감칠맛을 내는 역할
을 하며 간은 소금으로 맞춘다. 고명으로 끓는 물에 데친 어묵을 첨가해
도 좋다.

토마토카레

재료 : 버터나 식용유 1큰술, 당근 1개, 감자 2개, 브로콜
　　　리 한 줌, 양파 1개, 토마토 1개, 미니새송이버섯,
　　　물 2컵, 카레분말
분량(도구) : 4인분
조리 시간 : 30분

r · e · c · i · p · e

1. 달군 냄비에 버터(또는 식용유)를 넣고 다져놓은 양파와 토마토를 넣어 볶는다.
2. 1에 물을 넣고 끓기 시작하면 핸드믹서로 곱게 갈아준다.
3. 깍둑썰기한 감자와 당근을 넣고 끓이다가 거의 익으면 버섯과 살짝 데친 브로콜리를 넣고 약불로 줄인다.
4. 카레분말을 넣고 잘 저은 후, 적절한 농도가 될 때까지 약불에서 끓여준다.

important | Tip

먹다 남은 카레를 다시 데울 때 우유를 넣으면 맛이 좋아진다.

양송이 크림스프

재료 : 우유 1컵, 생크림 반 컵, 양송이 5개, 버터 한 큰술,
　　　양파 반 개
분량 : 2인분
조리 시간 : 30분

r·e·c·i·p·e

1. 냄비에 버터를 넣고 약한 불로 녹인다.

2. 다진 양파를 넣어 볶는다.

3. 잘게 썬 양송이를 넣어 함께 볶는다.

4. 우유와 생크림을 넣고 약불에서 저어가며 끓인다.

5. 약간 걸죽해지면 소금과 후추로 간을 해서 완성한다.

important | Tip

우유만으로 끓이면 담백한 맛을, 생크림만으로 끓이면 고소한 맛을 낼 수 있다.
걸죽한 질감의 스프를 원할 때에는 감자 간 것을 한 큰술 정도 첨가해 끓인다.

찐빵

r·e·c·i·p·e

1. 볼에 우유와 달걀을 넣고 거품기로 잘 섞어준다.

2. 1에 핫케익가루와 말린 과일을 넣고 가루가 보이지 않게 섞어준다.

3. 유산지컵에 70~80%정도 담고 견과류를 위에 올린다.

4. 김이 오른 찜통에 넣고 20분 찐다.

5. 젓가락으로 찔러 보아 반죽이 묻어나오지 않으면 완성.

important | Tip

유산지컵이 없을 때에는 일반 종이컵을 이용해도 된다.

요구르트

r · e · c · i · p · e

1. 냄비에 우유를 넣고 45도 내외로 데운다.

   (냄비 겉면을 손바닥으로 감쌌을 때, 꽤 뜨끈하게 느껴지는 정도임.)

2. 데운 우유에 요구르트를 넣고 잘 섞어준다.

3. 냄비 뚜껑을 잘 덮어 집안의 가장 따뜻한 곳에서 6시간 발효시킨다.

4. 6시간 이후 완성된 요구르트에 취향에 맞게 꿀이나 잼, 과일 등을 첨가한
   뒤 냉장 보관해 두고 먹는다(일주일 이상 냉장보관 가능).

important | Tip

1. 우유는 가장 기본적인 일반 우유를 선택한다.
2. 우유를 데우는 과정에서 잡균 소독을 위해 살짝 끓인 뒤 식혀도 좋다.
3. 계절이 겨울이거나 집안이 추운 경우 발효시키는 동안 담요나 두터운
   외투 등으로 보온을 해 주면 더욱 발효가 잘된다.

약식

재료 : 찹쌀 두 컵, 밤 7~8알, 대추 5~6개, 건포도 2큰
　　　술, 잣 2큰술, 흑설탕 1컵, 간장 2큰술, 식용유(포도
　　　씨유 등) 1큰술, 따뜻한 물 1과 1/2컵, 소금 약간,
　　　계핏가루 약간, 참기름 1큰술
분량 : 4인분
조리 시간 : 50분

스사모 고수들의 솜씨

r · e · c · i · p · e

1. 찹쌀은 전날 밤이나 적어도 3시간 이전에 씻어 불려놓고 밤은 껍질을 까
   고 2~3등분, 대추는 씨를 빼고 돌려 깎기 하여 썰어놓는다.
2. 따뜻한 물에 흑설탕을 넣어 잘 녹인 후 참기름을 제외한 나머지 양념을
   모두 넣고 섞는다.
3. 냄비에 찹쌀과 양념을 담고 밤과 대추와 잣, 건포도까지 넣고 불을 켠다.
4. 뚜껑을 닫고 약약불로 1시간 가열한 후 10분 더 뜸을 들이면 완성된다.
5. 완성된 약식을 골고루 섞은 후 스텐 밧드 등 사각형의 그릇에 넣어 식힌
   후 예쁜 모양으로 썰어준다.

important | Tip

압력솥에 할 경우 중불 또는 중강불로 가열해 눈금이 올라오면(추가 돌
면) 중약불로 불을 줄여 5분 더 가열한 후에 불을 끄고 김이 빠지기를 기
다린다. 김이 다 빠지면 뚜껑을 열고 한 번 섞어준 후에 다시 뚜껑을 닫
고 10분간 뜸을 들인다.

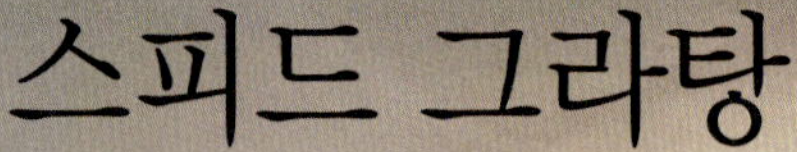

스피드 그라탕

레시피 제공 : 라벰님(http://cafe.naver.com/jaynjoy/107028)

재료 : 양파(대) 1개, 마카로니 5큰술, 감자 1개, 베이컨 4장, 밀가루 1큰술, 우유300mL, 물100mL, 소금 약간, 후추 약간, 피자치즈 5큰술, 파프리카 1/3개
분량 : 2인분
조리 시간 : 40분

스사모 고수들의 솜씨

r · e · c · i · p · e

1. 양파는 보통으로 감자는 얇게 슬라이스하고 베이컨은 적당한 크기로 썰어 놓으며 파프리카는 다져 놓는다.
2. 두툼한 냄비에 피자치즈와 파프리카를 뺀 모든 재료를 양파부터 순서대로 넣고 뚜껑을 닫고 중불에 올린다.
3. 끓기 시작하면(우유가 끓어 넘치지 않도록 주의할 것) 불을 약한 불로 줄여 계속 가열한다.
4. 감자가 다 익으면 피자치즈와 다진 파프리카를 얹어준 뒤 피자치즈가 녹으면 불을 끈다.

important | Tip

따로 루(roux:밀가루와 버터를 볶아 만들어 서양 요리 소스의 기본이 되는 것)를 만들지 않고 간단하게 만드는 방법이지만 맛은 정석대로 만든 것과 거의 같고 베이컨 자체의 기름기 외에는 오일이 안 들어가기 때문에 일반적인 그라탕보다 덜 느끼하다. 허브가루와 넛맥이 있다면 소량 첨가하여 더 풍미롭게 해도 좋다.

두부찌개

레시피 제공 : 오작가님(http://blog.naver.com/jasminquilt)

재료 : 두부 1모, 돼지고기 등심 100g, 양파 반 개, 감자
　　　(소) 한 개, 청홍고추 반 개씩, 대파 약간, 양념재료
　　　(다진마늘 1큰굴, 고춧가루 1큰술, 집간장(국간장) 2
　　　큰술, 고추장 1큰술, 들기름 3큰술)
분량 : 4인분
조리 시간 : 30분

스사모 고수들의 솜씨

r · e · c · i · p · e

1. 양념재료를 모두 한 데 넣고 섞어둔다.

2. 두부는 적당한 크기로 넓적하게 썰어두고 돼지 등심을 얇게 썰어 미리 만
   든 양념장을 한 큰술만 덜어 넣고 잠시 재워둔다.

3. 냄비에 채 썬 양파를 조금 깔고 도톰하게 썬 감자를 깐 뒤, 재워 둔 고기
   와 썰어 둔 두부를 넣는다.

4. 남은 양념을 두부 위에 뿌리고 물을 자작하게 부어 센 불로 끓인다.

5. 끓어오르면 뚜껑을 덮어 중약불로 조리듯 은근히 끓인다.

6. 감자가 익고 국물이 자작하게 줄어들면 완성.

important | Tip

1. 굽지 않아서 간편하고 식감이 부드러워 밥에 비벼먹기 좋다.
2. 들기름이 취향에 안 맞을 경우에는 참기름을 대신 써도 좋다. 단, 양을
   1큰술로 줄인다.

애플 캐러멜 케이크

레시피 제공 : 한나님(http://blog.naver.com/hannapig)

재료 : 지름 20cm의 냄비에 적합한 분량
1. 시럽 재료 : 무가당사과주스 500mL(추가 50mL), 흰설탕 170g, 로즈메리 한 줄기, 월계수잎 서너 장, 레몬필 7~8줄
2. 케익시트 재료 : 사과 2개 달걀 흰자 4개 + 흰설탕 30g, 달걀 노른자 4개 + 흰설탕 30g, 레몬껍질 다진 것 1티스푼, 오일 80mL, 사과 주스 80mL, 일반 중력 밀가루 160g, 소금 0.5티스푼, 베이킹파우더 1티스푼
분량 : 4인분, 조리 시간 : 50분

스사모 고수들의 솜씨

r · e · c · i · p · e

1. 레몬을 깨끗이 씻어 껍질을 길게 7~8조각 벗겨낸 뒤 이중 일부는 얇게 썰고 한 작은술 정도는 곱게 다져두고 사과는 껍질을 벗겨 1cm 두께로 썰어준다.

2. 넓은 프라이팬에 사과주스 50mL를 제외한 모든 시럽 재료를 넣고 강불로 15분 남짓 전체 양이 1/3로 줄 때까지 졸인 뒤 불을 끄고 사과주스 50mL를 섞는다.

3. 캐러멜을 유산지를 두른 냄비에 붓고 그 위에 사과를 예쁘게 펼쳐 놓는다.

4. 분리한 노른자와 분량의 설탕을 거품기로 잘 섞은 후 나머지 재료들까지 넣고 섞는다. 흰자는 설탕과 함께 거품기 자국이 생기고 유지되는 상태가 되도록 거품을 낸 뒤 세 번에 나누어 앞의 노른자 반죽에 주걱을 이용해 반죽을 접는다는 느낌으로 섞어준다.

5. 3번의 사과 위에 반죽을 붓고 냄비 지름의 절반 크기 화구에서 아주 약한 불로(인덕션의 경우 350w에서 50분 정도)조리한다. 만약 냄비뚜껑에 스팀홀이 있을 경우 막아준다.

6. 30분 경과 시점에 잠시 뚜껑을 열어 확인해 반죽이 두 배 정도 부풀고 구멍이 올라온다면 알맞게 익어가는 상태이다. 젓가락으로 찔러 묻어 나오지 않으면 완성이 된 것이며 냄비 그대로 30분 식힌 뒤 접시를 뚜껑처럼 얹고 뒤집어 케이크를 담아낸다.

골든볼

레시피 제공 : 한나님(http://blog.naver.com/hannapig)

도넛 반죽 재료 : (순서대로 볼에 계량해 섞기) 달걀 2개(포
　크로 살살 풀기), 우유 100mL, 버터 4큰술, 바닐라에센스
　2큰술(생략 가능), 중력분 320g, 베이킹파우더 4작은술,
　소금 1/2 작은술, 다진 땅콩이나 검은깨 약간
시럽 재료 : 꿀이나 조청 220mL, 흑설탕 30g, 버터 90g,
　물 150mL
분량 : 15mL 테이블스푼, 5mL 티스푼
조리 시간 : 50분

스사모 고수들의 솜씨

r · e · c · i · p · e

1. 넓은 사이즈의 뚜껑이 있는 프라이팬에 분량의 버터(90g)를 녹여준다.

2. 믹싱볼에 도넛반죽 재료와 위1에서 녹인 버터 중 4큰술을 떠 넣고 날가루
　가 보이지 않을 정도로만 포크로 살살 섞는다. 완성된 반죽은 질척이는
　느낌의 물기가 많은 반죽이다.

3. 손바닥에 덧 밀가루를 묻혀가며 호두알만한 사이즈로 살살 모양을 잡아
　준다. 만약 반죽이 질어 모양 잡기가 힘들면 밀가루를 조금 더하면 된다.

4. 위 1 에서 사용했던 팬에 위의 시럽 재료들을 모두 넣고 한번 끓인 후 볼
　모양으로 성형된 반죽을 넣고 뚜껑을 덮은 뒤 약불에서 7분 정도 익힌다.

5. 7분 후에 숟가락을 이용하여 도넛을 뒤집은 후 뚜껑을 덮은 뒤 약약불에
　서 5분간 더 익힌다. 완성된 골든볼 도넛은 뜨거울 때 기호에 따라 땅콩
　등의 견과류 다진 것이나 검은 깨 등을 뿌리면 더 먹음직스럽다.

important | Tip

1. 레시피 양을 줄여 만들 경우에는 사이즈가 작은 팬을 사용한다. 도넛 반
　죽이 어느 정도 시럽에 잠겨야 시럽이 코팅이 되며 익는다. 양에 비해
　팬이 너무 크면 시럽이 퍼져 도넛이 제대로 만들어지지 않는다.

2. 반죽에 넛맥 0.5티스푼, 계피가루 1티스푼을 첨가하면 시판 도넛과 같
　은 향긋함을 느낄 수 있다.

스텐이야기

FAQ

스텐에 대하여
자주 나오는 질문들

FAQ

스텐 제품 사용설명서에는 처음에 식초를 넣고 끓이라고 하는데?

첫 세척만 잘해 준다면 굳이 끓이실 필요는 없습니다. 그런데 꼭 한번 끓이고 싶으시다면 끓이기 전에 세척을 먼저 하셔야 합니다.

아직 닦지 않은 제품을 바로 불에 올리게 되면 공정을 거치며 제품 겉면에 묻었던 불순물이 타서 잘 지워지지 않는 얼룩을 남길 수 있습니다. 끓이고자 하신다면 먼저 안팎을 깨끗이 닦은 후에 끓이시는 것 잊지 마세요~

길들이는 방법은 무엇인가요?

스텐 프라이팬을 처음 사용하는 분에게 거르지 않고 듣게 되는 질문 중 하나인데요. 스텐팬은 길들이기가 필요 없습니다.

길을 들일 수가 없다고 말하는 것이 조금 더 정확합니다. 반짝반짝한 새 프라이팬에도 예열만 잘 하면 처음부터 무엇이든 매끄럽게 부쳐낼 수 있다는 것이 그 증거입니다.

팬을 길들이는 것이 아니라 팬을 사용하는 예열 요령에 사용자가 익숙해지게 되는 것입니다.

스텐팬은 무조건 예열해서 써야 하나요?

예열은 주로 부치고 굽는 요리에 필요하고 일부 볶음 요리에서 선택적으로 필요합니다.

구이나 부침이 아닌 볶음의 경우 육류나 채소류

는 수분이 많기 때문에 예열을 하지 않아도 볶을 수 있습니다.

다만, 예열하지 않은 팬에 볶으면 오래 볶아야 하기 때문에 시간이 지나는 동안 즙이 빠져나오고 결국 맛이 덜하게 될 수 있습니다. 볶는 음식의 예열은 스테인리스 프라이팬이어서 해야 한다기보다 '음식을 맛있게 볶기 위해' 한다고 생각하시면 됩니다.

깨끗이 잠깐 사용한 팬을 다시 쓸 때에 예열을 똑같이 하나요?

달걀 프라이만 하나 해 먹었다든가 부침개 한두 장 부치고 나서 프라이팬이 깨끗한 경우 뜨거울 때에 기름만 닦아내고 그대로 두었다가 재사용을 하는 경우가 있습니다.

강한 불로 예열을 하게 되면 미세하게 묻어있던 기름이 타서 팬이 온통 갈색으로 뒤덮이므로 주의해야 합니다. 물로 씻지 않은 팬을 바로 재사용할 때에는 처음처럼 공들여 예열을 할 필요가 없고 가볍게 하면 되는데요, 팬에 기름을 넣고 세지 않은 불에 올려 팬의 크기에 따라서 적당한 시간, 2분 내외로 예열을 하세요.

기름이 충분히 뜨거워졌으면, 할 음식에 맞는 불 세기로 조절을 하고 기름이 타기 전의 온도(연기가 나려 하기 전에)에서 요리를 시작하시면 됩니다. 이렇게 하면, 요리 후 바닥에 눌어붙은 것이나 양념이 남아있지 않은 팬을 하루 정도, 2~3회는 설거지를 하지 않고 계속 사용할 수 있습니다. 쓰다 보면 요령이 자꾸 생깁니다. ^^

또한, 여러 가지 음식을 팬 한 개로 할 때에는 냄새가 덜 나는 것, 양념이 없는 것, 매끈하고 깨끗하게 부쳐지는 것부터 하고 그렇지 않은 음식을 나중에 하는 것으로 팬을 3~5회 정도 연속 사용할 수 있습니다. 맨 마지막에는 양념이 많은 볶음이나 조림류를 하는 데에 사용한다면 가장 좋겠습니다.

알루미늄이 들어가지 않은 100%스테인리스 냄비는 없나요?

이 질문이 곧잘 올라오는데요...

이 질문을 듣고 난 제 표정은 요렇게 -->〉 -.-;; 됩니다. ^^

스테인리스의 성질 : 무겁다, 열전도율이 좋지 않다, 내구성이 좋다, 반응성이 없다(극히 낮다).

알루미늄의 성질 : 가볍다, 열전도율이 좋다, 내구성이 안 좋다, 반응성이 있다.

(여기에서 '무겁다', '가볍다', '열전도율이 좋다, 좋지 않다' 식으로 표현한 것은 스테인리스와

알루미늄 두 가지를 비교했을 때에 상대적으로 그렇다는 뜻입니다. 제3의 다른 금속이나 금속이 아닌 재질과 비교하면 또 달라지게 되고요.)
이 두 가지 금속의 장점만을 누릴 수 있도록 만든 냄비가 요즈음 시중에서 볼 수 있는 대부분의 스테인리스 냄비들입니다. 음식이 닿는 표면과 외부가 스테인리스라서 내구성이 좋아 수명이 길고 음식과의 반응성이 거의 없어서 재료를 가리지 않고 조리할 수 있고, 대신 내부에 알루미늄층이 있기 때문에 전체 무게는 덜 무겁고 열전도율도 스테인리스만을 쓰는 것보다 좋아지는 것이죠. 스테인리스만으로 냄비를 만든다면 엄청 무겁고 비싸고 열전도는 좋지 않아서 아마 대부분의 사용자들이 쓰지 못하고 내팽개칠 것입니다. 일부의 얇은 한 겹짜리 냄비(주로 라면용-극히 얇음-이나 업소용이죠.)를 제외하고는 대부분 스테인리스 내부에(최소한 바닥 내부만이라도) 알루미늄층을 넣어 만든답니다.
물론, 모든 겉표면은 스테인리스이고 드러나지 않으나 내부에는 알루미늄 층이 있지요.

FAQ

뚜껑이 달그락
거리며 국물이
튀어요

음식물이 끓으며 뚜껑이 움직이고 국물이 튀는 것은 자연스러운 현상입니다.

냄비에서 국물음식을 조리하게 되면 온도가 올라간 수분이 기화(수증기가 됨)합니다. 수증기가 된 수분은 액체 상태였을 때보다 그 부피가 훨씬 커지면서 바깥으로 나오려 하는 힘으로 뚜껑이 들썩거리고 국물이 튀게 되는 것입니다. 이는 어떤 냄비에서도 똑같이 일어나는 과학적이고 현상입니다.

다만, 뚜껑이 무겁거나 스팀홀이 뚫려 있으면 그 무게로 압력을 버틸 만큼은, 그리고 스팀홀로 증기가 새어나가는 동안은 그런 현상이 일어나지 않다가 그 정도를 지나쳤을 때에 비로소 같은 현상이 일어나게 됩니다.

무거운 뚜껑, 스팀홀이 뚫려있는 뚜껑의 경우 달그락거리며 튀는 현상이 좀 적거나 늦게 일어날 수 있다는 것이지요. 뚜껑에 김이 샐 구멍(스팀홀)도 없고 두께까지 얇아서 가벼운 제품은 음식물이 끓기 시작하면 바로 수증기에 의해 뚜껑이 달그락거리고 국물이 튑니다(그래서 뚜껑이 얇은 냄비들은 거의 100% 스팀홀이 뚫려있을 수밖에 없습니다).

1. 뚜껑이 들썩거리지 않을 정도로 불을 줄인다.

2. 음식물을 너무 많이 넣지 않는다.

3. 뚜껑을 아주 약간(1~2mm 정도) 비스듬히 놓 거나 이쑤시개 등을 꽂아 김이 샐 공간을 터 준 다.

위의 방법들로 뚜껑이 달그락거리고 국물이 튀는 현상을 조절해보세요.

저는 대개의 제품설명서에 나와 있는 지침과는 달리 철 수세미를 쓰고 있으며 여러분들께 써도 된다고 말씀드립니다. 오해가 약간 있는데 철 수 세미를 써도 된다고 해서 철 수세미를 늘 쓰시라 는 것이 아닙니다. 또 아무렇게나 마구 문질러도 된다는 뜻도 아닙니다.

1. 꼭 필요할 때만 선택적으로,

2. 반드시 결대로(결이 없는 면에는 가능하면 피하고요).

3. 필요한 만큼의 힘만 주어 요령 있게 사용하시 라는 것이죠.

철 수세미든, 세정제든 남용하지 않는 것이 중요 합니다. 어떤 경우에도 과잉 세척은 좋지 않습니다. 부드러운 것으로만 닦는 것이 물론 가장 좋습니다. 그렇지만 사용하다 보면 부드러운 것만으로는 닦지 못할 상황도 반드시 생깁니다. 바로 그럴 때에 철 수세미(사실은 스테인리스 수세미이죠)나 세정제를 요령 있게 사용하시라는 뜻입니다. 오히려 먼저 조심해야 할 수세미는 초록색 수세미입니다. 금속인 철 수세미보다 초록 수세미가 약할 것이라 생각하시는 분들이나 또 사용설명서에 철 수세미를 쓰지 말라기에 초록 수세미를 선택한 분들이 무심코 쓰셨다가 새 냄비를 금세 헌 냄비로 만들어놓는 일이 잦아서 제가 늘 주의를 부탁 드립니다.

팬을 쓰면 바닥은 괜찮은데 꼭 옆면에 노랗게 기름이 눌어요.

가운데에서는 음식이 적당히 잘 되는데 꼭 가장자리만 잘 타고 기름이 눋는다면, 가스레인지의 화구를 좀 작은 것으로 옮겨서 해 보세요. 가스레인지 특성상 불꽃의 방향이 바깥쪽으로 비스듬한 사선인데다 또 불 세기가 세어질수록 더욱 옆으로 불꽃이 뻗쳐나가게 됩니다.
열은 팬 바닥 전체에 골고루 퍼지는 것이 요리하기에 가장 좋은데 화력이 옆으로 뻗치니 옆면이 타고 눋을 수밖에 없는 것입니다. 화력을 줄이지 않으면서 가장자리가 타지 않게 하는 방법으로는 화구를 작은 쪽으로 옮겨서 쓰시는 것이 가장 좋습니다.

<table>
<tr><td>

센 불에 하는 중
국 요리나 튀김도
스텐팬에 할 수
있나요?

</td><td>

'스텐은 약불로 쓰라면서요. 그럼 센 불로 하는 중국요리나 튀김 같은 건 못하나요?'
약불을 강조하다 보니 이런 질문을 곧잘 받습니다. 스텐팬은 무조건 항상 처음부터 끝까지 약불로 써야만 할까요...? 그건 아닙니다.열효율이 좋으므로 '기존에 쓰시던 불보다 약하게' 쓰시라는 의미입니다. 불이 약하다고 해서 팬이나 냄비 안의 온도가 낮은 것은 아닙니다. 불이 작아도 음식은 똑같이 끓고 익혀지기 때문에 그 이상 센 불이 필요 없다는 뜻입니다. 스테인리스 팬도 다른 조리 도구와 마찬가지로 필요에 따라 음식에 따라 불 조절 당연히 하셔야 하고 하실 수 있습니다.
예전에 코팅 팬에도 중국요리를 하실 때에는 팬을 먼저 뜨겁게 하신 뒤에 요리를 하셨죠?
스텐팬도 똑같이 사용하시면 된답니다. 다만, 음식이 익는 속도가 코팅 팬보다 좀 더 빠르기 때문에 식재료 준비를 미리미리 하시고 좀 더 재빨리 볶아내시는 것 정도가 요령이라고 할 수 있습니

</td></tr>
</table>

FAQ

다.

튀김도 마찬가지지요. 튀김은 기름의 온도를 맞추어 기름 속에 재료를 넣고 요리를 하는 것이므로 사실 그릇과는 아무런 상관이 없습니다. (물론, 기름 온도가 오르락내리락하지 않도록 가능한 한 두꺼운 냄비에 하는 것이 좋습니다만 재질과는 상관없다는 뜻입니다.)

스텐에 하시든 유리냄비에 하시든 양은냄비에 하시든 재료를 튀기기에 알맞은 온도로 기름이 뜨거워질 때까지 기다리셨다가 재료를 넣은 뒤에는 기름이 그 온도를 계속 유지할 수 있도록 불을 조절해주시면 됩니다. (튀김의 성공비결은 알맞은 온도를 유지하는 것임을 알고 계시죠? ^^)

스테인리스 냄비와 팬을 처음 쓰시는 분들에게서 가장 많이 듣는 이야기는 음식을 태웠다는 호소입니다. 그렇다면, 스텐 제품이기 때문에 음식이 탄 것일까요? ^^ 음식이 탄 것은 열이 필요 이상으로 강했기 때문입니다. 용기가 스테인리스이든 알루미늄이든 유리이든 뚝배기이든 무쇠이든 이는 늘 똑같은 사실입니다.

다만, 스테인리스 제품은 열효율이 좋아서 다른

용기보다 불을 약하게 쓰셔도 강한 열을 냅니다.
그렇기 때문에 스테인리스를 처음 쓰시는 분들은
평소 쓰시던 불 세기의 50~70%만 사용하셔도
똑같이 요리가 됩니다. 사용해 오던 습관대로 늘
켜던 불로 켰는데 이렇게 양념이 탔다며 스텐냄
비가 쓰기 어렵다는 편견을 갖게 되시는 분들이
상당히 많습니다.

특히 습관적으로 늘 센 불만을 쓰시는 분들께서
불을 줄일 생각은 하지 않으시고 '스텐냄비는 잘
타고 눌어서 못 써~'라고 말씀하십니다. 음식이
타는 건 탈 때까지 너무 오래 가열했거나 너무 센
불로 요리했기 때문이지 스텐이라서, 제품에 무
슨 문제가 있어서가 아니랍니다. 적당한 온도(순
식간에 탈만큼 높지 않으면서 양념이 바글바글
잘 끓을 수 있는 온도)로 요리를 하시면 어떤 양
념이든 어떤 재료든 바로 타버리는 일은 없겠지
요.

같은 불을 썼을 때에 스텐냄비의 표면은 더 빨리,
많이 뜨거워진다는 사실을 잊지 마세요.

설거지를 잘
했는데도

묻어나는 색이 혹시 은빛이나 회색은 아닌지요?
연마성분이 많이 든 초록 수세미나 연마제가 든

FAQ

세정제로 스텐 제품을 닦았다면 반드시 다시 한 번 부드러운 스펀지에 주방 세제를 묻혀 잘 닦고 꼼꼼히 헹구셔야 합니다. 초록수세미나 연마제가 든 세정제로 인해 연마된 미세한 스텐인리스의 가루가 마른행주나 키친타월로 닦았을 때에 묻어나는 현상이거든요.

초록 수세미는 되도록 쓰지 않으셨으면 해요. 꼭 써야 했다면 다시 설거지를 제대로 해 주시고요.

철 수세미는 안 쓰시면서 이 초록 수세미는 별생각 없이 쓰시는 경우가 참 많은데 철수세미보다 오히려 초록 수세미가 더 연마력이 강하거든요.

저는 팬뿐 아니라 금속성의 모든 식기와 조리 도구를 씻을 때에는 부드러운 수세미를 주로 쓰고 또한 부드러운 스펀지로 헹굼을 아주 많이 하는 편이라 이제까지 설거지해 놓은 스텐에서 뭔가가 묻어난 적은 없었답니다.

거친 수세미나 연마제가 든 세정제는 정말 꼭 필요할 때만 선택적으로 쓰시는 것이 중요합니다.

과잉세척의 문제입니다.

스텐 제품을 세척 하실 때에는 항상 '알맞은 도

구로, 필요한 만큼의 강도'로만 닦아주세요. 별
로 닦을 것도 없는데 너무 거친 수세미로 닦으시
거나 스텐세정제를 남용하시면 용기에 묻은 음식
물이나 이물질을 닦아내는 것에서 지나쳐 냄비의
표면을 긁어내게 됩니다.
바로 이때에 쇠 비린내가 나죠.
흰 행주나 키친타월로 표면을 닦아보면 회색의
물질이 묻어나고요. 속 시원히 박박 닦아 쓸 수
있다고 해서 필요도 없는데 심하게 닦는 것은 바
른 사용법이 아닙니다.
철 수세미나 스텐세정제는 꼭 필요한 때에만,
적당한 양과 힘을 조절해서 사용해주시는 것이
좋습니다.

인덕션에서
사용 가능한
제품을 아는
방법

인덕션 레인지는 용기에 자기장을 형성함으로써
용기 자체를 발열시키는 원리로 작동되기 때문에
인덕션에서 쓸 수 있으려면 바깥쪽을 자성이 있
는 400계열 스테인리스로 만들어야 합니다.
300계 스테인리스는 자성이 없기 때문에 인덕션
레인지에서는 사용이 불가능하거든요. 통삼중이
나 삼중바닥의 맨 바깥쪽 겹을 자성이 있는 400
계 스테인리스로 만들면 인덕션에 사용할 수 있

게 됩니다.

같은 통삼중도 304스테인리스 – 알루미늄 – 304스테인리스의 세 겹을 이루는 것도 있고 304 스테인리스 – 알루미늄 – 430스테인리스의 세 겹을 이루는 것도 있는데 전자는 인덕션에서 사용할 수 없고 후자는 가능합니다.

또, 바닥이 삼중인 겹바닥 제품도 맨 밑바닥의 스테인리스가 300계이면 인덕션 사용이 불가능하고, 400계이면 사용 가능해집니다. 어떤 강종을 쓰느냐는 회사마다, 제품마다 전부 달라질 수 있기 때문에 제조사나 브랜드나 제품라인에 상관없이 인덕션에 사용이 가능한지 여부를 확인하기 위해서는 바닥에 닿는 부위에 400계 스테인리스가 쓰였는지를 알아보아야 합니다.

많은 제품들이 바닥면에 그림으로 사용 가능한 열원에 대한 표시를 하고 있기도 하고요.

탄 냄비에 락스를 넣고 끓이면 잘 지워진다면서요?

락스는 강한 염기성 물질입니다.

잠시의 사용으로 스텐이 당장 어떻게 되는 것은 아니지만 희석하지 않은 락스 용액을 그냥 넣고 끓이기까지 하면 스텐이 부식될 수 있습니다. 실제로 이 방법으로 냄비를 닦다가 못쓰게 되어버린 경우들이 보고되고 있고요. 락스를 냄비에 넣고 끓이지 않아도 스텐냄비를 깨끗이 닦을 수 있는 여러 가지 방법이 있으니 스텐냄비에 락스 사용은 삼가주세요.

스테인리스 스틸에 미네랄 얼룩이 남는 현상입니다.

이 얼룩의 특성은 젖었을 때에는 보이지 않다가 마르고 난 뒤에 더 잘 보인다는 것이며 일반 설거지로는 닦이지 않으나 그렇다고 이물질이 만져지는 것은 아닙니다. 해결 방법은 식초나 스텐세정제로 닦아주는 것이 가장 간편하지만 해롭거나 다음 조리 시에 문제가 되거나 하지 않으니 굳이 제거하지 않으셔도 됩니다.

또한 계속 사용하다 보면 저절로 없어졌다 나타났다 반복되기도 하고 새것일 때에 유난히 눈에 잘 띄므로 사용하면서 익숙해지게 되면 별로 신경 안 쓰시게 된답니다. ^^

로션타입의 스텐세정제나 가루세정제를 물에 잘 갠 것을 도포해 두었다가 40분 정도 경과한 후에 닦아보세요.

FAQ

아니면 2%의 구연산용액에 역시 40분 정도 담가 두세요. 웬만한 갈변은 깨끗이 닦입니다.

그런데 정말 센 불로 갈변된 바닥은 어떤 방법을 써도 닦기가 힘듭니다. 특히 불꽃이 직접 닿았던 부분이 제일 치명적이고요.

센 불 조심하세요~

첫세척을 잘 했는데도 검은 것이 묻어나와요.

공장에서 제품을 만들어 마무리 연마과정을 거치고 나면 '연마제를 씻어내는 세척과정'을 거치는데, 이 과정을 건너뛰었거나 소홀히 한 경우 이물질이 계속 묻어날 수 있습니다. 사실은, 제가 권해드리는 첫 세척 방법으로 닦았을 때에 아무 것도 묻어나오지 않아야 정상적으로 마무리되어 나온 제품이라고 할 수 있습니다.

첫 세척만 꼼꼼히 해 주면 더 이상 묻어나는 것이 없이 깨끗해지지요. 첫세척을 했는데도 이물질이 묻어난다면 그렇지 못한(덜 세척된) 제품인 것이고 이때에는 스텐세정제나 치약, 식용유(등의 지방성 물질) 등을 동원하여 닦으시는 수밖에 없습니다.

닦아도 닦아도 검은 때가 계속 나오는 경우도 더러 있는데 이럴 때에는 따끈한 식초물에 두어 시간 정도 담가두었다가 닦아보도록 하세요. 그리고 가능한 한 뜨거운 물로 닦으시되 식초세척과 소다세척을 번갈아 하면 점차 검은 때가 나오지 않게 됩니다.

그리고 중요한 것은, 첫 세척방법으로 닦은 후 아무것도 묻어나지 않는다면 더이상 닦을 필요가 없다는 점입니다.

뭔가가 묻어나는 제품에 한해서만 그 다음 방법을 취하세요.

무엇이든 과한 것은 좋지 않듯이 닦을 것이 없는데도 과하게 여러 가지 세정제나 도구를 이용해 닦는 것은 바람직하지 않고 괜히 새 제품에 흠집만을 만들 뿐입니다.

주물이라는 게 무엇인가요?

많은 분들이 '주물'을 '금속재질 중 하나'로 오해하고 계시는데 실은 금속 등의 재질을 상품으로 만드는 '방법' 중 하나입니다.

원재료를 녹여 틀에 부어 굳혀내는 방법을 주물방식이라고 한답니다. 알루미늄을 녹여 틀에 부어 만들면 알루미늄 주물 주철(무쇠)을 그렇게 만들면 무쇠주물 철을 녹여 만들면 철주물입니다.

스테인리스의 경우, 주물방식으로 제품 보디를

FAQ

만드는 경우는 거의 없습니다. 제품의 일부(주로 손잡이)에 쓰이는 경우는 종종 볼 수 있지만요.

냄비나 프라이팬을 심하게 태웠을 때에 가장 먼저 할 일은!!
불을 끄고 가만히 기다리는 것입니다.
태우면 제일 먼저 찬물에 넣는 분들이 계시는데 가장 하지 말아야 할 일입니다. 그 이유는 과열된 용기에 갑자기 찬물이 닿으면 급격한 온도변화 때문에 제품에 이상이 생길 수 있고 탄 것도 오히려 더 안 닦이는 상태가 되기 때문입니다.
탄 냄비를 발견했을 때에 불만 끄고 자연스럽게 식도록 그냥 놔두세요.
다 식으면, 일단은 탄 음식을 걷어낼 수 있는 데까지 걷어냅니다. 그리 심하게 탄 것이 아니라면 반나절~하루 정도 정말 심하게 탔다면 2~3일 정도 뜨거운 물을 갈아주어 가며 푹 불렸다가 스텐세정제나 소다로 닦아냅니다. 이렇게 장시간 물에 불려 닦으면 웬만한 경우에는 깨끗이 닦입니다. 그래도 덜 닦였다면 물을 가득 담고 소다 또는 식초를 넉넉히 풀어 30분 이상 푹 끓여주세요. 잠깐! 소다 또는 식초입니다. 소다와 식초를 섞어서 쓰시면 중화되어서 아무 효과도 없습니다.

그 물이 식기 전에 수세미로 문질러 닦아주시면 대부분은 아마 처음과 같은 색을 찾을 거예요. 그래도 안 닦일 정도로 심하게 탄 상태라면 다시 그대로 더 불려 주세요.

하나 기억하셔야 할 것은...

똑같이 태웠어도 약불에 태운 경우에는 닦기 힘들지가 않다는 사실입니다. 센 불에 태운 경우에는 닦기가 훨씬 힘이 듭니다.

그러니 무엇보다도...최악의 경우를 대비해서 불을 필요 이상으로 쓰지 않는 습관을 들이세요~^^

음식을 데울 때에도 예열을 하나요?

뭔가를 데울 때에는 예열 없이 그냥 아주 약한 불에 올려두시는 게 좋습니다. 좀 시간이 지나서 따뜻해지고 음식에 스며있던 기름기가 나오면서 붙지 않고 잘 데워진답니다. 냉장고에 두었던 전도 기름 추가하지 않고 팬에 아주 약불로 놔두면 오히려 기름기가 나오면서 바삭하게 데워지고요.

냉장실에 보관한 잡채의 경우

약불에 올려놓고 뚜껑 덮고 5~10분 정도 놓아

두었다가(잡채의 양과 보관했던 온도에 따라 시간을 달리합니다.) 맛있는 냄새가 나기 시작하면 뚜껑 열고 접시에 옮겨 담습니다.

그럼 방금 막 한 것처럼 당면이 탱글탱글 따끈하게 데워집니다.

통삼중 냄비의 뚜껑은 왜 3중이 아닌가요?

본체가 통삼중인 제품은 뚜껑도 통삼중이어야 하는지, 뚜껑이 통삼중이 아니라서 나쁜 물건인 건 아닌지 질문하시는 분들이 종종 계십니다

결론은, 뚜껑은 통삼중일 필요가 없으며 통삼중이 된다고 기능이 좋아지는 것도 아니라는 것입니다. 냄비 뚜껑은 스테인리스 한 겹으로 대개 최대 1.5T 정도 두께까지 제작합니다(더 두꺼운 것도 물론 있을 수도 있는데 제가 본 것들 중에서는 1.5T가 가장 두꺼웠어요).

무게라는 것은 어디까지나 상대적이기는 하지만... 1.2T 이상이 되면, 일반적으로 상당히 묵직하다고 느끼는 무게가 나갑니다. 1.0T면, 그냥 보통 무게의 뚜껑이고요.(스테인리스를 처음 쓰시는 분들은 이것도 제법 묵직하다고 느낄 수 있을 정도) 0.8T 이하이면 가벼운 편이라고 볼 수 있습니다. 0.6T가 아마 가장 가벼운 뚜껑에 속

할 것이고요.

그런데, 똑같은 두께라고 해도 뚜껑의 형태와 손잡이에 따라서 우리가 느끼는 무게에는 큰 차이가 납니다. 평평한 모양보다는, 위로 솟은 모양(돔형)이 스테인리스가 많이 쓰이므로 더 무겁고 손잡이가 무거운 것이 달리면, 전체 뚜껑의 무게가 또 많이 무거워집니다. 뚜껑이 팬 겸용이 아닌 이상 보디처럼 통삼중으로 만들 필요가 굳이 없습니다.

예열 방법 등 사용하는 요령에 있어서는 차이가 없습니다. 바닥이 평평한 프라이팬에 비해 표면적이 상대적으로 넓다고는 하지만 일반인이 요리하면서 차이를 느낄 정도는 아니거든요.

차이가 느껴지는 것은 팬을 태웠을 경우입니다. 아무래도 올록볼록한 요철 사이에 탄 음식이나 기름이 눌어붙게 되면 닦기가 좀 더 어려울 수 있습니다. 엠보싱 프라이팬의 요철도 여러 종류라 완만하고 밋밋한 것이 있는가 하면 굴곡이 훨씬 촘촘하며 깊은 것도 있는데, 후자의 경우 심하게 태웠을 때에 탄 이물질을 완전히 제거하기에는 아무래도 힘이 많이 들게 됩니다.

FAQ

스텐 프라이팬을 처음으로 장만하는데 개수와 사이즈를 어떻게 해야 할지 모르겠어요.

처음 스텐팬을 사용하시는 분은 세트로 구입하시기보다는 가장 필요한 사이즈를 한 개 먼저 구입해 써 보다가 나중에 추가로 구입하는 것이 좋은데요, 평소 사용해 온 코팅 프라이팬 중 가장 자주 쓰던 크기로 하시되 스텐팬이 코팅팬보다는 무겁다는 점을 감안해서 2cm 정도 작은 것을 택하는 것도 무난합니다. 코팅팬에서 스텐팬으로 옮겨오면서 프라이팬의 사이즈를 줄이는 분들이 많거든요. 음식을 매번 대량으로 하시는 분이 아니라면 일반적으로 가장 많이 사용되는 사이즈는 24~28cm 사이의 제품입니다. 평소 큰 프라이팬을 거의 사용하지 않았던 분의 경우 20cm 내외의 팬도 첫 선택으로 적당합니다.

뚜껑이 안 열려요~

냄비의 뚜껑이 열리지 않는 경우에는 두 가지가 있을 수 있습니다.
하나는 요리 후 불을 껐을 때 뚜껑과 본체가 완전히 밀착되어 안 열리는 경우입니다. 이것은 끓던 음식물이 식음으로써 냄비 내부의 수증기가 압축되어 열리지 않는 현상이므로 냄비를 다시 가열하면 바로 열리게 됩니다. 다른 하나는 제 짝이 아닌 본체에 뚜껑을 덮었다가 물리적으로 서로 끼어서 열리지 않는 경우인데 이럴 때에는 살살 틈을 벌려 적당한 요령과 힘으로 여는 방법밖에는 없습니다.

유명 브랜드나 꽤 알려진 브랜드 제품이 상식적인 가격대에서 많이 벗어나 너무 저렴한 가격으로 팔릴 때 가짜가 아닐까 걱정들을 하십니다. 물론, 가짜가 절대 없으리란 법은 없습니다만 스텐 제품은 다른 공산품에 비해 가짜가 판치기 힘듭니다. 초기 개발비가 무척 많이 들어가는 제품이기 때문인데요, 가령 고사양인 유명 제품의 복제품을 만든다고 하면, 진짜 제품과 똑같이 만들어줄 수 있는 금형부터 있어야 하는데, 가짜 제품 유통망이 얼마나 잘 되어있을지 몰라도, 금형 개발비를 뽑기에는 대부분 무리가 될 것입니다. 가짜를 유통하는 목적이, 저렴한 비용으로 비슷하게 만든 제품을 고가로 팔아 차익을 남기기 위한 것인데, 스텐 제품은 제품 사양만큼 만드는 비용이 들어가기 때문에 가짜라도 사양이 어느 수준 이상이면 싸게 만들 수가 없습니다. 또한, 그런 정도의 자본력과 기획력을 가졌다면 굳이 가짜

FAQ

제품을 만들 이유가 없기도 하고요. 시장 원리가 성립되지 않기 때문에 가짜 제품이 쉽게 나오기 힘들다고 보는 것입니다.

그렇다면, 너무 저렴하게 팔리는 것은 어떤 경우인지 궁금하실 텐데요. 이 역시 시장의 원리를 벗어나지 않습니다. 단종되어 더 이상 활발하게 유통되지 않고 수량이 얼마 남지 않은 제품을 빨리 처분하기 위해, 약간의 하자가 있는 제품을 저렴하게 파는 경우, 최종 판매자가 재고 부담을 해소하기 위해(갖고만 있고 팔리지 않으면 창고 비용이 더 들어가고 정상적으로 유통되는 제품에 방해가 됩니다), 제품 판매촉진을 위해 특별히 미끼 상품으로 원가 이하의 가격이 매겨져서 등의 이유를 추측해볼 수 있습니다.

조심해야 할 것은 가짜 제품보다는 유사상품입니다. 이를테면 브랜드 영자명을 유명상표와 비슷하게 만들어 소비자들로 하여금 착각을 일으키게 하는 제품들 말입니다. 영자 알파벳 표기는 다르지만 한글로 썼을 때 표기가 동일하거나 거의 비슷한 경우, 유명 브랜드로 오인하고 사게 되는 것을 조심하시는 것이 좋겠습니다.

결론부터 말씀드리면, 불가능한 것은 아니지만 굳이 압력솥에 저수분 요리를 할 필요가 없고 압력솥이 가지는 특징과 장점들은 저수분 요리를 잘 되게 하는 조건과는 동떨어져 있습니다. 우선, 압력솥에 저수분 요리를 할 경우에 압력이 차오르지 않습니다. 저수분 요리는 약불이나 약약불로 하므로 내부의 수증기 압력이 정도 이상으로 올라가야만 기능이 발휘되기 시작하는 압력솥의 원리와 무관합니다. 또한, 압력이 정도 이상 찬 후 추가 올라가면서 밀폐가 되는데 약불로 저수분 요리를 할 경우 그 단계까지 가지 않기에 내부의 수증기가 계속 바깥으로 새게 됩니다. 즉, 스팀홀이 뚫려있는 냄비로 저수분 요리를 하는 것과 마찬가지가 되기 때문에 굳이 압력솥으로 저수분 요리를 해야 할 이유는 없다고 보겠습니다.

삼중바닥 냄비를 정상적으로 사용하는데도 바닥이 쉽게 떨어지는 것은 아닙니다. 극심한 온도 차를 주거나 심한 충격을 주었을 때, 그럴 수도 있다는 의미입니다. 가장 나쁜 것은 실수로 몇 시간이고 태운 냄비를 식힌다고 찬물을 붓는 경우입니다. 이런 경우에는 정말 바닥이 떨어질 수 있습니다. 하지만 정상적으로 사용한다면 바닥이 떨어질 염려는 하지 않으셔도 됩니다.

다만, 바닥을 붙이는 공법에 두 가지가 있는데 접착제를 발라 붙이는 브레이징 방식보다는 엄청난 압력과 열로 붙이는 프릭션(또는 파워 브레이징) 방식이 훨씬 견고하므로 프릭션 방식으로 바닥이 부착된 제품을 사시면 좀 더 안심하고 쓰실 수 있습니다.

스사모 사전

스사모에서 가장 많이 쓰이는 단어들

이 책을 보시는 동안 자주 나오는 단어들입니다.

여러분들의 이해를 돕기 위해

모아서 정리해 보았습니다.

스텐

◦●외국어 한글표기법에 따른 Stainless Steel의 정식 명칭은
'스테인리스 스틸'입니다만, 너무 길기 때문에 이 책 안에서는 '스텐'
으로 줄여 쓰는 경우가 종종 있을 것입니다.
'stain(녹)'만 남기고 뒤를 생략하면 '녹이 거의 없다' 의 본래 뜻에서
'없다'라는 중요한 의미가 빠지고 '녹(stain)'만 남게 되는 모순이 발생
합니다만, 이 책 안에서만큼은 '스텐'을 '녹'이라 해석하지 마시고
'스테인리스 스틸'의 줄임말로 이해해주시길 부탁드립니다.

STS

◦●스테인리스 스틸의 공식 표기 방법입니다.
304스테인리스는 STS304, 430스테인리스는 STS430따위로
표현합니다.

스텐팬, 스텐 프라이팬

◦●스테인리스 스틸 프라이팬의 줄임말
스사모에서 말하는 스텐팬이란, 음식이 조리되는 팬의 내부가 코팅 없
이 스테인리스 재질로 된
팬을 말합니다.

편수

◦●긴 손잡이가 한 개만 달린 팬이나 냄비

양수

◦●양 쪽에 손잡이가 두 개 달린 팬이나 냄비

예열

∘● **이 책의 키워드이자 스사모의 키워드입니다.**

스텐팬에 예열하는 방법을 설명하는 것에서부터 스사모가 시작되었고 지금도 여전히 스텐팬 사용 방법을 널리 알려드리는 것이 제 활동의 첫번째 목적입니다.

아무리 강조해도 지나치지 않은 예열, 스텐 프라이팬 사용의 모든 것이 이 예열 하나로 대부분 설명됩니다.

첫세척

∘● **스테인리스 제품을 구입하여 사용하기 전에 해 주는 세척을 말합니다.**

보통, 제품 사용설명서들은 식촛물을 넣고 끓이라고 권합니다만 새 제품에는 마지막 연마 공정에서 사용한 연마제가 남아있어 닦지 않은 제품을 불 위에 올리는 것은 좋지 않습니다. 또한, 첫 세척에서부터 강한 수세미를 사용하는 것도 바람직하지 않은 일입니다.

과잉 세척이 되지 않도록 주의가 필요한 첫 세척 방법을 이 책에서는 알려드리고 있습니다.

저수(유)분요리

∘● 평소에 물(기름)을 사용하거나 김을 올려 쪄 내거나 혹은 물에 삶아 요리하는 음식을 물을 사용하지 않고 재료에 함유된 자체 수분(유분)으로 조리하는 조리법을 말합니다.

요리가 쉽고 간편하면서도 맛까지 좋아 아주 유익한 요리법입니다.

겹바닥냄비

○•냄비의 바닥면이 3중(주로 스테인리스-알루미늄-스테인리스)으로
이루어진 냄비류입니다.
바닥에 알루미늄을 넣고 겉면을 스테인리스 캡슐로 한 번 더 감싼
형태의 냄비로 옆면은 스테인리스 한 겹으로 되어있습니다.
보통은 삼중바닥 냄비로 불립니다.

통다중냄비

○•냄비의 보디 전체가 여러 겹으로 이루어진 냄비류입니다.
2중 이상의 여러 겹으로 샌드위치 된 금속(클래드강)으로 여러 금속의
장점만을 취할 수 있도록 디자인 된 냄비입니다.
국내에서는 대부분의 가정에서 열원으로 주로 가스레인지를 사용하기
때문에 통다중냄비가 무조건 겹바닥냄비보다 좋은 것으로 잘못 인식
되어있기도 합니다.

뚜껑 – 커버 – 리드

○•냄비나 팬의 뚜껑을 부르는 말들로 책 내에서는 혼용되고
있습니다.

손잡이 – 핸들 – 놉

○•냄비나 팬의 손잡이를 부르는 말들로 책 내에서는 혼용되고 있습니다.
단, 놉(knob)은 뚜껑(커버)에 붙어있는 손잡이에만 한정되는
용어입니다.

몸통 - 본체 - 보디

○●뚜껑이나 찜기(스티머)를 제외한 냄비나 팬 자체를 부르는 말들로
책 내에서 혼용되고 있습니다.

찜기 - 스티머

○●찜 요리를 할 때에 냄비나 팬 안에 넣어 쓰는 구멍이 뚫린 선반이
나 바구니 등을 부르는 말들입니다.

증기구 - 스팀홀

○●냄비나 팬의 뚜껑에 있는 작은 구멍들로 요리할 때에 증기가 빠져
나가는 통로가 됩니다.

약불

○●이 책에서 말하는 약불이란 가스레인지의 1단계 화력을 말하는 것
이 아닙니다.
국냄비의 뚜껑이 전혀 들썩거리지 않을 정도의 약불, 때로는 꺼지기
직전의 잘 보이지도 않는 불, 달걀말이가 부글거리지 않고 조용히 익
어가는 상태의 불, 불꽃이 냄비 밑바닥에 닿지 않는 불, 이정도가 스
사모에서는 약불 또는 약약불입니다.
약불은 예열에서도, 저수분 요리에서도 매우 중요한 포인트이므로 평
소에 쓰던 불 세기보다 훨씬 약하다는 점을 기억해주세요.

리벳(못)

○●냄비의 손잡이와 몸통을 연결하는데 쓰이는 못

스사모 연혁

2005.11	네이버 카페 〈스텐팬을 사용하는 사람들의 모임〉 개설
2006.01	네이버 '오늘의 카페' 선정
2006.01	네이버 '눈에 띄는 카페' 선정
2006.03	잡지 '레몬트리'에 스텐팬 사용법과 함께 카페 소개
2006.04	네이버 〈대표카페〉 선정
2006.06	네이버 〈카페 스토리〉 선정
2006.09	SBS의 환경호르몬 이슈화 여파로 스테인리스 김치통 공동구매 실시
2006.11	카페 개설 1주년 기념 오프라인 모임
2006.12~2007.08	월 1회의 시연회 개최
2007	2007년 네이버 〈대표카페〉 선정
2007.04	MBC 〈불만제로〉 (수입 스텐 냄비 가격의 거품 편)에 자료 제공 및 출연
2007.06	SBS 〈모닝와이드〉에 스테인리스 마니아로서 출연
2007.11	포스코 신문에 기고문 실림, 스사모 보도 기사 실림
2007.11	코엑스 FOOD WEEK 2007 세미나에서 "친환경과 스테인리스 바람"을 주제로 강연

2007.11	포스코 신문에 인터뷰 게재
2008	2008년 네이버 〈대표카페〉 선정
2008.01	잡지 '여성중앙'에 스텐팬 예열법 및 구매정보 소개와 함께 실림
2008.01	중앙일보에 보도
2008.01	SBS '잘 먹고 잘사는 법' '웰빙뉴스' 코너 요리 전문가로 출연
2008.01~06	포스코 신문에 격주로 연재기사 기고(총 10회)
2008.02	잡지 '여성동아'에 스사모 운영자로서 소개
2008.04	잡지 '우먼센스'에 스테인리스 관련 기사에 자료 제공
2008.05	제 9회 철의 날 마라톤 대회 야외 시연회
2008.08	잡지 '수퍼 레시피'와 '행복이 가득한 집'에 스텐팬 자료 제공
2008.08	홈페이지 susamo.com 오픈
2008.10	스사모 시연회
2008.10	코엑스 친환경상품전시회 친환경 조리 도구 사용법 강연
2008.11	스사모 시연회
2009.03	스사모 요리대회
2009.04	잡지 '레이디 경향'에 보도 및 스테인리스 정보 제공

2009.05	제 10회 철의 날 마라톤 대회 야외 시연회
2009.06	KBS 〈무한지대Q〉 출연
2009.07	스테인리스 바른 지식 알리기 남산 시연회(1회)
2009.09	스사모 개발상품 스테인리스 볼 세트 출시 및 회원 대상 판매
2009.09	스테인리스강 녹색성장 산업발전 세미나에서 스테인리스 주방 문화 이야기 강연
2009.10	KBS 〈무엇이든 물어보세요〉 출연
2009.10	스테인리스강 녹색성장 산업발전 세미나에서 강연
2009.10	급식용 대형밥솥 교체 캠페인을 위한 온라인 이벤트
2009.10	스테인리스 바른 지식 알리기 남산 시연회(2회)
2009.11	스사모 4주년 기념 모임
2010.01	급식용 대형밥솥 교체 캠페인을 위한 시연회
2010.02	2010 암비엔떼(독일 프랑크푸르트 소비재 박람회) 참관(첫 번째)
2010.05	대한급식신문에 급식 밥솥 캠페인 관련 칼럼 기고
2010.05	제 11회 철의 날 마라톤 대회 야외 시연회
2010.06	스테인리스 바른 지식 알리기 남산 시연회(3회)

2010.09	서울디자인 한마당 스테인리스강 우수상품 전시회(철강협회 주최) 홍보 데스크 운영
2010.10	스테인리스 바른 지식 알리기 남산 시연회(4회)
2010.11	KBS 당신의 여섯 시 출연
2010.11	스사모 5주년 기념 모임
2011.02	2011 암비엔떼(독일 프랑크푸르트 소비재 박람회) 참관(두 번째)
2011.03	잡지 '레이디 경향'에 스사모 운영자로서 소개 및 정보제공
2011.03	KBS 〈당신의 여섯 시〉 출연, 스테인리스 조리 도구 사용법 제공
2011.05	제 12회 철의 날 마라톤 대회 야외 시연회
2011.07	영양사협회 학술대회에서 요구르트 시연회
2011.10	스테인리스 바른 지식 알리기 남산 시연회(5회)
2011.11	스사모 6주년 기념 모임
2012	2012년 네이버 〈대표카페〉 선정
2012.02	2012 암비엔떼(독일 프랑크푸르트 소비재 박람회) 참관 및 독일 WMF 공장 방문
2012. 03	스사모 개발상품 26편수웍 출시 및 회원 대상 판매
2012. 04	스사모 티셔츠 제작 및 배포

2012.05	제 13회 철의 날 마라톤 대회 야외 시연회
2012.05	KBS 〈아침마당〉 출연
2012.07	영양사협회 학술대회에서 요구르트 시연회
2012.08	스사모 개발상품 밧드 출시 및 회원 대상 판매
2012.08	2012 스테인리스 사용자 모임, 첫 번째
2012.09	스텐강종 표기를 위한 서명운동
2012.10	스테인리스 바른 지식 알리기 남산 시연회(6회)
2012.10	KBS 〈굿모닝 대한민국〉, 남산시연회 취재 내용 방영
2012.10	2012 스테인리스 사용자 모임, 두 번째
2012.11	철강협회 주최 스테인리스 우수상품 공모전 심사
2012.11	2012 스테인리스 사용자 모임, 세 번째(업체와의 만남)
2012.11	스사모 7주년 기념 모임
2012.12	KBS 〈무엇이든 물어보세요〉 스텐 제품 정보 제공
2013.01	스텐알리미 1기 발대식
2013.02	2013 암비엔떼(독일 프랑크푸르트 소비재 박람회) 참관
2013.02	스사모 개발상품 22편수월/26양수월 출시 및 회원 대상 판매

2013.03	KBS2 〈생생정보통〉에 스텐팬 사용과 요리시연 출연
2013.05	제 14회 철의 날 마라톤 대회 야외 시연회
2013.06	오프라인 카페(스텐지식강좌) 1, 2회 개최
2013.06	스사모 개발 상품 멀티팟16 출시 및 회원 대상 판매
2013.06	6월말 현재 회원 십만 명 돌파

스테인리스 스틸 프라이팬의 미덕

스사모가 생기고 발전해오는 동안 프라이팬 시장에도 꽤 눈에 띄는 변화가 나타났습니다. 불과 7~8년 전만 해도 스텐 프라이팬을 파는 곳조차 드물었는데 요즘은 백화점, 대형할인매장, 인터넷 쇼핑몰은 물론이고 심지어 가장 대중적이면서도 쉬운 제품을 판매해야만 한다는 TV 홈쇼핑에서조차 종종 스텐팬을 발견할 수 있으니까요.

스텐팬이 이렇게 생활 속으로 들어온 이유는 무엇일까요? 물론 많은 사람이 건강 때문에 코팅을 버리고 스텐팬에 관심을 갖게 되었다고 이야기합니다. 또, 최근 식생활 관련 키워드로 '친환경'을 빼놓을 수 없는 것이 흐름이기도 하죠. 그렇지만, 저는 스텐팬의 첫 번째 미덕이 겨우 코팅 프라이팬의 대체품으로서 생긴다고 말하기는 싫습니다.

스텐팬은 정직하고 깨끗하며 사용자를 즐겁게 합니다. 알 수 없는 까맣고 알록달록한 물질로 덮여있지 않아 표면에 묻어있는 것들을 솔직하게 있는 그대로 보여줍니다. 반면, 사용자가 적절하게 세척을 해 주면, 언제든 특유의 깨끗한 모습을 찾아 매번 사용할 때마다 개운한 느낌을 갖게 합니다. 또한, 스텐팬은 시간과 불과 물이라는 요리의 중요 요소에 대해 사용자로 하여금 감각을 갖게 함으로써 요리하는 즐거움을 알게 합니다. 단지 '예열'이라는 적응 과정을 거쳤을 뿐인데 이전에 별생각 없이 굽고 부치고 했던 평범한 음식들이 한층 새롭게 다가오고 요리하는 시간이 즐거워진다는 것을 수많은 사용자가 경험으로 증명하고 있답니다.

화려한 조명을 받고 있는 매대 위의 스텐 제품들은 매끄러운 은색의 광택으로 현대적이고 세련된 이미지를 뿜어냅니다. 반면, 어머니의 오래된 창고에서 발견한 이름 없는 스텐 밥공기에서는 생활의 흔적과 따뜻한 정감이 느껴집니다. 이렇게 양 극단의 느낌을 모두 가진 스텐은 변화무쌍한 듯 보이기도 합니다만 언제나 그 깨끗하고 정직한 특성을 잃지 않은 채 우리 생활에 가장 밀접한 소재로 함께 해 왔습니다.

스텐 Pan을 사용하면 스텐 Fan이 됩니다. 아직도 스텐팬을 모르시거나 알면서도 편견 때문에 사용하지 않고 있는 분이 계신다면, 오늘은 그분의 등을 떠밀어 귀갓길에 스텐팬 하나 사 들고 들어가시기를 적극 권해보고 싶습니다.